深探之旅

深部探测关键仪器装备研制与实验（SinoProbe-09）项目组◎著

DEEP INVESTIGATION
TRIP

U0342321

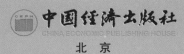

中国经济出版社
CHINA ECONOMIC PUBLISHING HOUSE

北 京

图书在版编目（CIP）数据

深探之旅 / 深部探测关键仪器装备研制与实验（SinoProbe-09）项目组著.
北京：中国经济出版社，2016.12
ISBN 978-7-5136-4398-6

Ⅰ．①深… Ⅱ．①深… Ⅲ．①地球内部—探测技术—研究 Ⅳ．①P183.2

中国版本图书馆CIP数据核字（2016）第225072号

责任编辑	师少林　郑潇伟
责任审读	贺　静
责任印制	巢新强
封面设计	金刚设计

出版发行	中国经济出版社
印 刷 者	北京科信印刷有限公司
经 销 者	各地新华书店
开　　本	710mm×1000mm　1/16
印　　张	17.5
字　　数	220千字
版　　次	2016年12月第1版
印　　次	2016年12月第1次
定　　价	98.00元

广告经营许可证　京西工商广字第8179号

中国经济出版社 网址www. economyph.com　社址 北京市西城区百万庄北街3号　邮编100037
本版图书如存在印装质量问题，请与本社发行中心联系调换（联系电话：010-68330607）

版权所有　盗版必究（举报电话：010-68355416　010-68319282）

国家版权局反盗版举报中心（举报电话：12390）　　　　服务热线：010-88386794

第一章
解密地球深部探测

第二章

地球探测大事记

第三章

向地心进军

② 地面电磁探测系统 105

③ 固定翼无人机航磁探测系统 128

第四章

开启地球深部的钥匙

第五章
"深部探测"明天更灿烂

第一章
解密地球深部探测

1 地球深部探测简介

地球深部探测，简而言之，就是对地球内部结构的探索。通过高度精确的仪器设备、缜密研究的数据分析、完善无误的技术体系等系统地对地球内部进行某种探索和测量。开展地球深部探测可以更好地帮助我们了解地球的结构、找寻维持人类生存的资源、预防自然灾害，还可以推动科学技术的发展，造福人类。

》1.1 深部探测的时代背景

地球是人类生存的家园，人类生存所需要的空气、水源、土地、食物等都是地球提供给我们的宝贵财富。经过数亿年的进化变迁，地球塑造出了最适合人类生存的各种环境，我们不得不怀着一颗感恩的心来对待它，了解它。而地球也有生气的时候，地震、火山的爆发往往给人类带来巨大的人身和财产危害，我们也不得不敬畏地球。因此，我们一直在努力探索地球生气的原因。地球如此宝贵、如此神秘，激发了一代代人探索地球的热情，在他们不懈的努力下，我们慢慢开始对地球有所了解，逐渐走进了地球的世界。

地球深部探测在 20 世纪 70 年代便已经展开，最早开始于西方发达国家，这些国家利用先进的技术率先开始对地球内部结构进行探测，掀起了人类探索地球的序幕。其中，美国、英国、德国、瑞士、澳大利亚等国分别出台了本国的深部探测计划，在动力学、板块运动、地震序列带、资源勘探等方面取得了巨大的成就，为人类探索地球积累了宝贵的经验。

进入 21 世纪，人类对太空的探索已经取得重大的成果，各国纷纷开展了对地球以外天体、星系的探索研究，欧洲的"伽利略"计划、美国的月球探测计划、中国的"神舟"系列计划等都是人类走向太空的重要一步。然而，在太空探索硕果累累的同时，我们不得不面临这样的问题：我们对地球的内部到底了解多少？人类一直寻求地球以外的知识，却忽视了地球本身留给我们的疑问，越来越多的人意识到，只有我们对地球内部有了更好的了解，我们才能更好地生存下去。

图 1-1　地球

》　1.2　探秘地球

　　地球的存在是宇宙的一个奇迹，它是宇宙中目前发现的唯一有生命存在的行星。太阳系中存在八个大的行星，以太阳为圆心，由近至远，分别是水星、金星、地球、火星、木星、土星、天王星、海王星、冥王星，地球距离太阳较近，由近及远排名第三。地球赤道周长大约为 4.0076 万千米，赤道半径 6378.137 千米，平均半径大约 6371 千米。如果从太空中俯瞰地球，则地球在宇宙中呈现出蓝色的姿态，其很大的原因在于地球表面的 21% 为陆地，而海洋面积却占地球表面的 71%。进行地球深部探测可以加深我们对地球的内部结构、地球外圈以及更多关于地球真相的认识。

图 1-2　太阳系行星

1.2.1　地球内部结构

在地球深部探测的历程中，科学家通过地震波的反射传播速度对地球内部进行了划分。地球是一个实心的球体，从内到外分为地核、地幔、地壳，它们之间有明确的分界面。

地核是地球内部的核心区域，其物质组成以铁、镍为主，如果细分的话，我们也可以把它分为内核和外核。内核直径较长，约占地核直径的 1/3，它到地表面积大概有 5100 公里，距离较远，通常我们认为它是一种固态的存在。外核约占地核直径的 2/3，到地表面积大约 2900 公里，通常我们推测它可能是由一种液态化合物构成。地核内部温度极高，约有 6000℃，压力巨大，最高达到 350 万个大气压，在如此高温、高压的环境下，地核并没有出现融化分解，它依然呈现出一种较为稳固的形态。

图 1-3 地核

地幔是地核以上、地壳以下的部分，是地核和地壳的过渡部分。它的厚度约 2900 千米，质量巨大，在地球内部结构中属于庞然大物。地幔的组成部分较为复杂，接近地核的部分，受地核影响，主要由镍、铁金属氧化物组成，与地壳接近的部分更多的是硅酸盐类物质。与地核一样，地幔也有上地幔和下地幔之分，上地幔距离地表较近，仅为 33 公里，其成分主要是橄榄岩，也有人称其为橄榄岩圈；下地幔距地表较远，大约有 1000 公里的距离。在上地幔中，科学家们发现一个软流层，通常被认为是放射性物质的聚集地，放射性物质的高分解作用使整个地幔温度骤升，最高温度甚至达到 3000℃，在这样的高温下岩石很容易溶解，这就出现了我们通常所见的岩浆。岩浆经过压力与地质作用，从地表喷射而出，就形成了火山。

地壳是地球的保护层，它通常指的是地球表面以下，上地幔界面即莫霍面以上的部分，它是一种固体姿态。地壳不像地幔、地核那样会相对均匀地分布，它更多呈现出不同厚度的表现姿态。海洋的地壳比较薄弱，平均厚度大约 6000 米，大陆部分的地壳平均厚度大约 33 千米，平原、高山等地的地壳厚度最大，60~70 千米。从中我们可以总结出，海拔越低的地方，地壳厚度越小；海拔越高的地方，地壳厚度越大。地壳分为地壳上层和地壳下层，上层又分为沉积岩层和花岗岩层，主要物质包括硅—铝氧化物；下层主要有玄武岩，硅—镁氧化物是其主要构成成分。

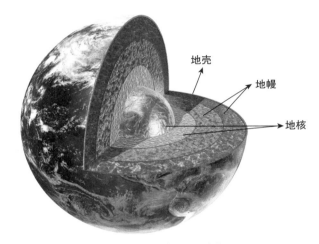

图 1-4　地球内部结构

1.2.2　地球外圈

地球外圈由四个部分组成，分别是水圈、岩石圈、大气圈和生物圈。

水圈是地球外圈的重要组成部分。前面已经提到过，地球表面的 71% 都是海洋，而除了海洋，江河、沼泽、湖泊、地下水、冰川等都属于地球水圈的一部分，我们之所以在宇宙中看到的是蓝色的地球，很大一部分原因在于地球丰富的水资源，水圈的存在是人类生存发展的基础。

岩石圈平均厚度约为 100 公里，它主要存在于上地幔顶部和地壳之中，有一部分向下直接蔓延到软流层中。岩石圈复杂的形态使它成为科学家们研究的重点，地球物理、力学、化学领域在岩石圈的研究上取得了巨大的进展。

大气圈像一个环绕的包围圈，盘踞在地球最外层，笼罩着陆地和海洋。地球大气由氮气和氧气组成，其中氧气是人类呼吸必不可少的物质，在地心引力的作用下，相当部分的大气都被转移到离地面 10 公里的对流层中。

地球拥有繁杂的生物形态，因为大气圈、水圈、岩石圈的存在，地球成为了目前最适合生物生存发展的环境。生物种类繁多，有植物、动物和微生物之分，目前生存的生物物种数量巨大，总共约有 160 多万种，其中动物所占比例最大，约有 110 多万种；植物比重次之，约有 40 多万种；微生物种类最少，但也有 10 多万种。如果把已经灭绝的生物计算在内，地球上出现的物种可以数以亿计。我们一般把岩石圈的上部、大气圈的下部和水圈的全部，称作一个完整的生物圈。生物圈拥有复杂的结构，是生命的发源地。

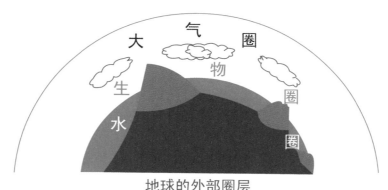

地球的外部圈层

图 1-5　地球外部圈层示意

1.2.3　地球的概况

我们一直在探讨，我们的地球到底有多大？它在茫茫宇宙中到底处于什么样的地位？地球与太阳是什么关系？在宇宙中，我们看到的是这样的地球：空旷深远的太空、蔚蓝的海洋、纯白的云层和泛绿的大块板块。

地球处于太阳系中，它以 23.9345 小时的速度自转一圈，这就是我们一天 24 小时的由来；地球以 365.256 天的速度公转一圈，就构成了我们的一年。

地球结构中最活跃的是地壳运动。地壳由几大板块构成，这些板块相互作用，按照扩张和缩小两种形式在不断地运动，一种形态是两个板块在相互扩张过程中相互排斥，在不断的运动中会出现新的地壳；另一种形态是板块之间相互碰撞挤压，最后导致板块的融合消失。我们经常遇到的地震、火山等其实都是地壳运动的结果，在地壳板块不断地变化中，我们的地球也在不断进化，呈现出不一样的姿态。

处在危险的宇宙中，地球是如何保护自己的？这得益于地球得天独厚的磁气圈，它与水气一起合作，在太阳风的融合下共同形成一道屏障，以阻挡来自其他地方辐射的危险，绚丽的流星其实就是地球自我防范的产物。随着人造卫星、载人航天飞船等的出现，人类对地球的认识取得了突飞猛进的变化，我们对地球的探索没有止境。

》1.3 深部探测与矿产资源开发

地球深部探测的开展为寻找矿产资源提供了新的技术支持，通过对地球内部岩石结构的不同分类以及在地球深部探测研发过程中的设备支撑，人类更加容易辨识各种类型的矿产资源，甚至能够发现新的矿产资源，为社会发展提供源源不断的资源供应。

1.3.1 矿产资源的定义

矿产资源是指经过地质运动，并经过较长时间沉淀形成的有经济和社会价值的资源。它以多种形式存在，或是固体如铁矿、铜矿、金矿等，或是液体如石油，也可能是气体如天然气，矿产资源可能直接存在于地表或地表以下，也可能埋藏较深。由于矿产资源形成的周期比较长，最短的耗时几百万年时间，最长的甚至要经过亿年才能初步形成，更重要的是，矿产资源一旦遭到破坏，是不容易恢复的，所以我们一般把矿产资源定义为非可再生资源。

图 1-6　石油原油

图 1-7　煤炭

　　矿产资源是经济发展的催化剂，人类的生存和发展都离不开矿产资源，目前已经探明的矿物种类有 160 多种，其中用于能源生产的矿产 12 种，分别是煤、石油、天然气、油页岩、煤层气、铀、钍、油砂、天然沥青、石煤、页岩气、地热资源。其中，煤、石油、天然气等是人类利用最多的能源之一，几乎支撑了人类整个工业时代的发展。

1.3.2　深部探测与找矿

　　人类的生存离不开资源，对矿产资源的需求更是迫切，我们无法想象没有石油、钢铁、煤炭，这个世界会变成什么样子。据统计，矿产资源在人类生活中的平均使用率高达 80% 以上，其中农业生产资料约占 70%，我们使用的农业种植工具、收获工具、运输工具等都离不开矿产资源；工业生产材料的使用中矿产资源约占 85% 以上，工业原料、机器等需要矿产资源；属于日常能源的矿产资源使用率约占 95% 以上，矿产资源仍然是人类能源的主要提供者。在对地球矿产资源如此依赖的今天，如何维持庞大的资源供应是人类急需解决的问题。

矿产资源是现代化建设的"命脉"，是全球经济持续发展的动力。同时在政治方面，我们也看到了世界范围内，各个国家对矿产资源的争夺，甚至因此爆发战争，矿产资源成为渗透各个方面、各个领域的重要一环。对矿产资源的寻找已经刻不容缓。

在这样的情况下，开展地球深部探测已经成了人类找寻矿产资源的突破口，一个例子可以说明深部探测资源的必要性：美国与苏联在20世纪40年代到20世纪90年代对抗时期，除了在经济和军事上的竞赛外，两国在矿产资源上也进行了地心竞赛，这场竞赛耗费数百亿美元，双方在深部探测的领域各自取得了突破性的进展，美国发现了山脉下丰富的油田，而苏联发现了丰富的油气资源，并意外地找到了地球内部的淡水和生物。这样的例子比比皆是，大洋洲的澳大利亚更是凭借深部探测保持了在世界范围内资源勘探的大国地位。深部探测矿产资源已经成为一种世界潮流。

》1.4　深部探测与地质灾害预防

地球带给人类的不只是财富，也有灾难，进入21世纪，地球地质灾害发生的频率越来越高，给人类带来了巨大的生命及财产损失，在这样的情况下，科学家们纷纷向地球内部寻求答案，分析地质灾害产生的原因，尽力预测甚至防止地质灾害的发生。

1.4.1　地质灾害的定义

地质灾害，顾名思义，是指造成生命、财产、环境破坏与损失的地质作用。这种地质作用有可能是地球内部自身运动的结果，也有可能是人为的破坏与参与。

地质学家根据地质作用的发生地和性质对地质灾害进行了分类，通常把它划分为12类，48种。大致种类有：地壳运作，如火山爆发、地震等；地面形状变化，如地面坍塌、崩裂等；城镇建设灾害，如建筑坍塌、垃圾林立等；海岸地带危害，如温室效应导致的海平面上升、海水腐蚀等；海洋地质危害，如潮流堤坝、滑坡等；土地退化灾害，如荒漠化、土地盐碱化、水土流失等；水源断流灾害，如水源断流、干涸等；水土与地球化学污染，如农药污染、工厂水污染等；坡度流体运动灾害，如滑坡、泥石流等；矿场运作灾害，如矿井坍塌、注水、瓦斯爆炸等；湖、水库灾害，如决堤、渗透、洪水等；特殊岩石、土壤灾害，如冻土解冻、淤泥变质等。

地质灾害的发生都有一定的原因和诱发因素。有些是人为作用导致的，有些是在自然作用的推动下发生的。因此，我们根据这样的划分标准把地质灾害分为人为地质性的灾害和自然地质性的灾害。人为地质性灾害指的是在社会经济建设发展过程中，人类不合理的经济或社会活动造成的，又反过来威胁人类生命财产安全的灾难；自然地质性灾害是指在自然条件下，具有自发、突发、不受限制性质的灾害，它不以人类的意志为转移。

地质灾害有的是突然发生的，有的又是很缓慢的、渐变的进程。据此，我们又可把地质灾害分为突然发生性地质灾害和逐渐发生性地质灾害。逐渐发生性地质灾害一般可以预见，在发生前可以得到很好的提示，给人们留下充足的时间做出准备，所以这类灾难并不会造成太大的损失；突然发生性地质灾害具有较强的突发性，难以预料，往往带来巨大的损失，这类灾害是我们最应该注意的。地震、泥石流、火山喷发等往往属于突然发生性地质灾害；而水土流失、水土污染等往往属于逐渐发生性地质灾害。

1.4.2　主要地质灾害简介

常见的危害较大的地质灾害有火山喷发、泥石流、地震等，下面我们简单地介绍几种主要的地质灾害。

1.4.2.1　火山喷发灾害

火山喷发是地质灾害的一种常见的类型。火山喷发是岩浆在高压、高温的作用下从地壳冲出来形成的一种地质现象。火山的产生与爆发是一系列物理、化学因素作用的产物，地球内部存在大量化学物质，在分解、融合等一系列作用下发生质变，产生巨大的能量，这些能量无法分散，就会把地球内部的岩石消融掉，这些融化掉的物质在压力的作用下冲出了地表，最后形成了火山。火山分为"死火山""活火山"和"休眠火山"。它们的划分非常直接，在人类发展历史中，时常爆发的火山称为"活火山"，它的爆发有一定的阶段性；而有的火山虽然历史上曾经爆发过，但是有人类活动的历史以来不再爆发，这样的火山称为"死火山"；"休眠火山"指的是人类历史上曾经爆发过，但相当长的一段时间内处于静止状态，且不能推测出其是否还会爆发的火山。火山爆发会带来难以想象的灾难，例如 1980 年 5 月 18 日，在美国华盛顿州斯卡梅尼亚县境内，圣海伦火山毫无征兆地进入了爆发期，在这场火山爆发中，共有 57 人无辜丧生，造成的经济损失更是高达数十亿美元，生态环境也遭受了毁灭性的打击，数百平方公里地区荒废，数千只野生动物死亡，至今为止，这仍是美国历史上经济损失和人员伤亡最严重的一次火山爆发。

图 1-8　火山喷发

1.4.2.2　泥石流灾害

泥石流是指在地形险恶的地区、沟谷深壑，因为大雨、大雪或其他灾害导致的山脉主体滑落，带着大量泥沙和石块的特定洪流。泥石流往往具有突发性、携带物质多、流动速度快、体积大、拥有超强破坏力等特点，当泥石流发生时，城镇、村庄一般很难幸免，在很短的时间内就会被泥石流吞没掩埋。泥石流在运动过程中会不断变化，它所携带的物质经过重力势能的推动，像滚雪球般越来越大，最后形成一种不可阻挡的力量，吞噬周围事物。一般泥石流的运动过程少则几分钟，多则几个小时，它的发生有时又伴着洪水灾难，更是难以预防。

图 1-9　泥石流

1.4.2.3　地震灾害

地震是地球内部地壳间相互作用的产物，具体表现：地壳岩层在不间断受力中引起岩层断裂，从而带动地表破坏。地震可以分为塌陷地震、火山地震和构造地震。塌陷地震指的是因为地质塌陷特别是地球固岩层坍塌引发的地震；火山地震是指在火山爆发过程中，地壳运动所引发的地震；构造地震较为普遍，大约占地球地震总数的 95%，它是由地壳构造运动产生的地震。人们在总结规律的基础上把全球分为四个地震带，分别为地中海—喜马拉雅地震活动带、大洋中脊地震活动带、环太平洋地震活动带和大陆裂谷地震活动带。地中海—喜马拉雅地震带连接亚洲和欧洲，横贯东西，错落有致，总长约 1.5 万多千米，是世界深源、中源和大多数前源地震的主要发生地之一；大洋中脊地震活动带活动范围较广，徘徊穿插于各个大洋之间，总长度几乎是地中海—喜马拉雅地震带的四倍多，约为 6.5 万多千米，宽度长短不一，最宽可达到 7000 千米，它的活动性较弱，地震深度较浅，是较为安全的地震活动带；环太平洋地震活动带主要是指太平洋沿岸靠近南北美洲西侧的海岸外延地带，它是当今世界活动最为剧烈的地震活动带，所放射的地震能量约占所有地震能量的 4/5；大陆裂谷地震带分散地分布于大陆内部，规模较小，其中红海裂谷、贝加尔裂谷、东非裂谷等是大陆裂谷地震带的典型代表。

图 1 -10　地震灾害

2　中国的深部探测

　　中国拥有 960 多万平方公里的陆上领土，广阔的土地上蕴含着巨大的资源，土地资源、水资源、生物资源、矿产资源等都是世代支撑华夏儿女生存的物质基础，然而我们不能忽视的是中国拥有接近 14 亿的人口，是世界人口最多的国家，如此庞大的人口对资源提出了更加苛刻的要求。中国还是地质灾害多发的国家，中国地质、地貌形式复杂多样，加上不合理的经济建设活动，使我国成为世界地质灾难多发的国家之一。从国土资源部网站 2012 年 11 月 8 日发布的官方消息中我们可以了解到，2012 年 1—10 月，全国一共发生了 3500 多起地质灾害，造成了严重的人员伤亡，直接经济损失更是高达数亿元。不管是出于资源开发的需求，还是地质灾害预测的要求，中国都需要在地球深部探测的道路上作出努力与实践。中国也是世界上最大的发展中国家，进入 21 世纪，中国成为世界经济发展的火车头，中国在高新技术产业发展的道路上不断摸索，其中与地球探测有关的高精尖技术产业也取得了突飞猛进的发展，这也为我们开展地球深部探测提供了更大的可能性，地球深部探测的开展对中国技术创新起到了巨大的推动作用，也带动了相关产业的发展。

》 2.1 中国的资源现状

2.1.1 水资源

中国拥有丰富的水资源，供人类生存发展的淡水资源主要集中在河流和湖泊。其中，长江、黄河、珠江等流域是我国水资源的主要集中地，然而我国人均水资源却出现复杂的情况，在众多流域中，珠江流域人均水资源最丰富，有 4000 多立方米；长江流域次之，人均水资源约为 2000 多立方米；而海滦河流域的人均水资源只有不到 230 立方米。这反映了我国水资源分布不均的形势。我国耕地北多南少，其中东北三省、华北平原等都是耕地集中区，而我国水资源分布却南多北少，这就形成了极度的不平衡，用少量的水资源支撑巨大的耕地运作，是我国目前水资源面临的紧迫现状。水力发电的运用是中国水资源运用的另一个方面，我国目前已经建立的水电站有三峡水电站、葛洲坝水电站、小浪底水电站等，这些水电站都是地区电力资源供应的重要支撑。

2.1.2 土地资源

中国土地资源大致具有三个特点：数量大，人均少；类型多，耕地少；分布不均，破坏严重。我国是一个拥有 960 万平方公里的国度，国土面积居世界第三，但由于中国拥有接近 14 亿的人口基数，我国的人均土地占有量较少。中国拥有复杂的地形、地貌形势，高山、平原、盆地、丘陵等分布中国各地，一方面，为当地居民提供了便利的生活条件，另一方面，我们也要看到，耕地资源匮乏，以及耕地日益减少的严峻形势。中国土地资源分布不均，主要表现在以下两个方面：其一，人均占有土地资源较少，且呈现出较大的地区分布差异。中国各地区土地形式复杂多样，且出现了各种各样的问题。以草原土地资源为例，中国存在丰富的草原土地资源，而这些资源常常处于荒废状态，没有得到很好的开发利用，相反，有些地方却出现过度使用草场而导致土地日益荒漠化趋势。其二，虽然我国的土地资源类型多样，但土地用于生产的类型差异较大。例如，东北、西南地区林业资源较为丰富，内蒙古高原拥有巨大的草原资源，而农耕用地则多集中在我国东部地势平坦的季风区内。这样的差异，给我国资源的协调配置提出了很大的难题。

2.1.3 生物资源

生物资源分植物资源与动物资源两类。中国拥有非常丰富的动物资源，鱼类、鸟类、兽类等物种类型应有尽有，并且在世界物种结构中占有重要的比例，我国一些珍贵物种，如大熊猫、羚羊、扬子鳄等，其拥有数量在世界上位于前列。我们习惯根据生物资源的不同种类进行一个地理上的划界，通常把它分为古北界和东洋界。从喜马拉雅山脉一侧开始，穿过横断山北部，抵达秦岭山脉，然后由伏牛山进入长江与淮河间北部地区，我们把这一片区域叫作古北界；这条线以南的区域，我们把它称作东洋界，东洋界以热带动物居多。但是，由于东部地区多平原地带，地形平缓，加上西部横断山呈现南北走向，古北界与东洋界的动物往往相互联系，并没有绝对的区分，这也是需要注意的现象。至于植物资源，中国地形、地貌复杂多样，有高山、高原、平原、丘陵等，复杂的地形催生出复杂的植物；中国气候变化多样，差异性明显，有亚热带季风气候、温带季风气候、温带大陆性气候等多种气候，气候的差异导致植被种类的差异，各种植物分布在全国各地。在青藏高原地区和一些西北地区，由于气候、地势原因，高山草原草甸灌丛、干草原、高原寒漠等植被类型较为丰富。在东部平原的季风地区，由于雨水较多，地势相对平坦，南北气候分区明显，所以植被类型丰富多样，有温带落叶阔叶林、寒温带针叶林、热带季雨林、温带森林草原等多种植被类型。中国植物种类繁多，在世界植物种类排行中居于前列，特别是古老的植物类型，比重更是可以达到世界总数的 62%。植物又分为被子植物和种子植物，中国的被子植物种类多，共有将近 3000 属，世界被子植物中的很大部分分布在中国；中国的种子植物更是繁杂，共有 980 个属、300 个科、24600 个种。我国还拥有大量灭绝植物的"活化石"，如水杉、银杏等植物，这些植物在世界各地都已经很难看到。

2.1.4　矿产资源

中国矿产资源蕴藏丰富，种类繁多，目前大约有矿产 170 多种，其中铁矿、磷矿、铜矿等的储量都居于世界前列。虽然中国地大物博，拥有丰富的矿产资源，但同时我们需要注意的是中国正面临严峻的资源形势。矿产资源是不可再生的自然资源，是支撑人类生存发展的重要保障。我们处于社会主义经济建设时期，矿产资源对中国的发展来说依然是不可或缺的一环。我国探明储量虽然居于世界前列，但人均资源量却依然不容乐观，面对国民经济建设的巨大需求，我国矿产资源储量严重不足。经济快速增长下我国矿产资源危机日益明显，当前面临严峻的形势，主要表现有：① 矿产资源利用浪费，随之带来了严重的环境破坏。为了解决我国矿产资源不足和资源开发带来的污染难题，我们迫切需要采取一定的措施，提高资源利用的效率，提高环境保护的意识，通过技术支持，逐步完善我国的资源开发体系。② 我国矿产资源需求量仍然很大，进口依赖大，呈现出一种供不应求的姿态。

》2.2 中国主要成矿带简介

2.2.1 天山成矿带

天山成矿带是位于中国新疆的重要成矿带，成矿带连接天山，南北东西延伸较长，总面积50多万平方公里，是中国生态保护较好的成矿带。天山成矿带地形复杂，地貌结构多样，这一方面为矿产资源的产生和资源类型的多样化提供了保障，另一方面也为更好地开发利用矿产资源提出了挑战。区域内铁、石油、天然气等资源储量丰富，是中国西部重要的能源供给基地，加之天山成矿带靠近中亚地带，使其成为我国与中亚地区进行能源合作的一个平台。天山成矿带也成为带动新疆经济发展的一个重要的能源支柱，但同时我们也需注意，在开发天山矿产资源的同时，要注意保护原有的生态环境，做到可持续开发利用，使其成为一个生态示范成矿区。

2.2.2 秦岭成矿带

秦岭—淮河一线是中国南北的分界线，秦岭南北气候也有很大的差别，特殊的气候与地质条件使秦岭一带在长时间的沉积进化中形成了丰富的矿物带。同时，秦岭地区也是我国经济较为发达的地区，秦岭成矿带的发现更是地区发展的催化剂。秦岭地带富含有色金属，成为秦岭地区有色金属产业发展的有力支撑。

图 1-11　秦岭成矿带

2.2.3　辽东—吉南成矿区

辽东—吉南成矿区主要位于辽宁省和吉林省交界处，延伸到中朝边境，面积约 8 万平方公里。区内非金属和煤炭资源较为丰富，有色金属、贵金属、黑色金属储量也居于国内前列。辽东—吉南地区大致位于郯庐断裂东面。成矿工作区域覆盖了中朝板块华北陆块的大部，也包括其陆缘构造带内的部分地区，辽东—吉南成矿区西边延伸至松辽盆地，北边延伸至佳木斯地块，它是滨太平洋构造域和古亚洲洋构造域的重合位置的一部分。

2.2.4　豫西成矿区

豫西成矿区位于河南西部地区，整体布局于中原地带，面积约 3 万多平方公里，区内资源较为单一，以铝、钼为主，其中铝土产量较为丰富，产量位居全国第二，为区域内有色工业发展提供了丰富的原材料。

2.2.5　湘西—鄂西成矿带

湘西—鄂西成矿带跨越多省，北边临近湖北、河南、陕西交界，南边直至湖南、贵州一线，西临湖北、重庆边缘，东面抵达江汉平原。湘西—鄂西成矿带富含锰、铜、锑、铅、锌、金等金属矿产，已探明的铅、锌等金属储量更是高达数百万吨以上，在世界储量排行中居于前列。另外，该成矿区的岩浆活动势头较弱，为区域内石英砂、石墨等矿产提供了很好的形成条件。

2.2.6　武夷成矿带

武夷成矿带横跨中国东南四个省份，面积约 12 万平方公里，位于新生代巨型构造——岩浆岩带、环太平洋中成矿带区域范围内。该成矿带矿产资源复杂多样，分布呈现点状特点，其中，金、银、铜、铅等资源蕴藏较为丰富，已经探明的 110 多种矿物中有 21 种储量位于全国前五位。

2.2.7　西南三江成矿带

西南三江成矿带位于我国西南边境地带，与老挝、缅甸、越南比邻，面积约 18 万平方公里。西南成矿带具有复杂的地貌条件、丰富的水资源，基础设施完善，区域内铜矿资源的开发已经形成完整的产业链条，建立完善了包括中甸普朗、思茅大平掌等一系列大型、超大型矿床，成为西南地区工业发展的有力支撑。西南三江成矿带共分为北段、中段和南段三个矿区，每一个矿区都有各自主攻的矿产开发项目，形成了明确合理的分工。

2.2.8　雅鲁藏布江成矿带

雅鲁藏布江成矿带位于西藏雅鲁藏布江流域范围内，借助青藏铁路的交通便利，区域内资源运输得到良好保障，本区域拥有锑矿、富铁矿、铜金矿等多种矿产。但是由于海拔较高，空气稀薄，加之生态环境脆弱等不利条件的存在，区域内矿产资源开发面临较多的阻碍，雅鲁藏布江成矿区的开发必须保护好流域内的生态环境，避免造成环境污染和地质破坏。

2.2.9　南岭成矿带

南岭成矿带地跨湘、粤、桂、赣四个省份，辐射区域大，区域内山地丘陵居多，富含锡、稀土、钨等有色金属，是全国重要的有色金属开发与深加工平台。南岭成矿带穿过华夏板块和扬子板块，属于华南陆地板块的一部分，截至目前，全区内共开发矿床200多处，已经形成源源不断的资源供应体系。

图 1-12　南岭成矿带

2.2.10　大兴安岭成矿带

大兴安岭成矿带是大兴安岭山脉延伸的一部分，区域内资源蕴含丰富，以铜、金、银为主，根据成矿带构造背景、结构及分布情况等因素，我们一般把大兴安岭成矿带划分为三个组成部分：乌兰浩特—巴林右旗铅锌、铜、银多金属矿产带是大兴安岭成矿带最重要的组成部分；多伦—赤峰铀钼、铅锌、金铜多金属矿产带穿越内蒙古，是区域内重要的金属矿区；乌兰浩特—巴林右旗银、铜、铅锌多金属矿产带是大兴安岭成矿带最后的组成部分。

2.2.11 晋冀铁矿成矿区

晋冀铁矿成矿区主体位于山西、河北境内，也包括北京部分地区，该成矿区铁矿资源丰富，交通运输发达，铁矿深加工技术先进，丰富的资源带动了地区经济建设的发展，为这些地区注入源源不断的能源活力。

》2.3 中国主要油田简介

2.3.1 大庆油田

大庆油田是我国在世界上负有盛名的油田之一，它地处齐齐哈尔市和哈尔滨市中间，是黑龙江松嫩平原上的一块宝地。大庆油田东西宽度达到 70 公里，横向延伸范围大，南北总长度 140 多公里，纵向延伸广，油田总面积较大，达 5470 多平方公里。20 世纪 60 年代，大庆油田的开发正式进入施工阶段，党中央倡议实施了石油大会战，并取得了重大的成果，截至 1963 年，大庆油田就已经具备了生产 600 多万吨石油的能力，对实现中国石油工业的发展起到了举足轻重的作用。到 20 世纪 70 年代，大庆油田原油产量再创新高，年产量超过 5000 万吨，一跃成为中国的第一大油田。截至目前，大庆油田仍能保持 5000 万吨以上的原油产量，这得益于大庆不断更新的技术和工艺。

图 1-13　大庆油田

2.3.2　胜利油田

胜利油田的地理位置靠近渤海，在山东北部，是我国黄河三角洲上重要的能源产地，它横跨山东多个市级单位，覆盖面积约为 4.4 万平方公里，山东境内的淄博市、东营市、济南市、烟台市等八个单位属于胜利油田的辐射范围，它是仅次于大庆油田的我国第二大的油田。

2.3.3　辽河油田

辽河油田跨越多种地形结构，主体矿区集中在内蒙古高原东部地带、辽河水域的中上游平原地带以及辽东湾的滩海地区。目前，共发现和施工 26 个油田，建成冷家、曙光、兴隆台、茨榆坨、科尔沁、锦州、高升、沈阳等九个油田建设基地。辽河油田地跨省市较多，共包括内蒙古自治区和辽宁的 13 个市，总面积 10 万多平方公里，产量在全国排行中居于前列。

2.3.4　克拉玛依油田

克拉玛依油田为新疆克拉玛依市重要的油气供应基地，经过 40 多年来的勘探，我国在塔里木盆地和准噶尔盆地共发现了大量的油田，总数共 19 个，在这些油气田中面积最大、生产能力最强的是克拉玛依油田，我国在克拉玛依油田基础上建成了 15 个油气田，并逐步具备百万吨原生产加工能力，从 20 世纪初起，克拉玛依油田的陆上原油产量就已经位居全国第四。

图 1-14　克拉玛依油田

2.3.5　四川油田

四川油田位于四川盆地区域范围内，已经存在了 60 年，一共发现 12 个油田。 盆地内油田一共分为西南部、西北部、南部、东部四个地区。目前，天然气产量巨大，几乎占全国总产量的一半，是我国当之无愧的第一大气田。

2.3.6　华北油田

华北油田地处河北省境内，是冀中平原上任丘市的一部分，它的范围包括冀、京、蒙、晋等地区的油气生产区。1975 年，我国最大的碳酸盐岩潜山大油田任丘油田在冀中平原上被发现，任丘油田也成为我国华北油田的重要组成部分。1978 年原油产量高达 1700 多万吨，是当年全国高产油田之一。

虽然近些年石油开采出现疲软态势，但每年的原油产量仍然可以达到 400 多万吨。

2.3.7 大港油田

大港油田是位于天津市大港区的重要的一块油田，这一地区勘探环境良好，具有充足的技术优势，现在已经在大港探区投资发展了多个油气开发项目，共24个开发区，15个油气田，每一年原油产量可达430万吨，且具有良好的持续开发生产能力。

2.3.8 中原油田

中原油田，顾名思义，是处于中原地带的油田，它的具体位置在河南省濮阳市境内。1975年，科学家经过长期勘探，终于在濮阳境内发现了一块巨大的油田，随即国家和地方政府积极组织勘探开发活动。经过几十年的努力，中原油田总计已经查明石油地质储量高达4.55亿吨，可开发天然气地质储量395.7亿立方米，为我国中东部能源工业的发展提供了充足的油气资源。

2.3.9 吉林油田

吉林油田是吉林省资源开发的重点项目，吉林省位于东北老工业基地的辐射范围内，需要丰富的能源供给，因此，吉林省在几十年里组织开展了大量的石油勘探活动，最著名的是对吉林省两大盆地的油气勘探，在这两块盆地上科学家发现了大量的油田，储量超过一亿吨的就有两个，分别是新民和扶余。经过多年的发展，吉林油田的年产原油量已达到几百万吨以上，并形成了良好的原油加工能力，完善了石油开采与深加工产业链，成功建立了一系列原油加工企业。

2.3.10 河南油田

河南油田地处河南西南方向的南阳盆地，矿区经过驻马店，辗转到南阳，最终延伸到平顶山，并将三地联系起来形成了一个油田聚集区。

截至目前，河南油田一共发现了 14 个油田，并都投入开发使用，探明石油地质生产储量达 1.7 亿吨，石油蕴藏面积更是有 100 多平方公里。

2.3.11　长庆油田

长庆油田勘探面积巨大，约 37 万平方公里，被誉为我国第一大油气田，陕甘宁盆地是长庆油田的主要聚集区。1970 年，长庆油田进入正式开发阶段，经过众多地质勘探工作者的辛勤努力，截至目前，区域内一共发现 22 个油气田，其中油田 19 个，年产油气当量 5000 多万吨，成为北京油气供应的重要支撑。

2.3.12　江汉油田

江汉油田是长江流域重要的综合石油产地，地理位置便利。江汉油田横跨三个省份，油田区域主要集中在湖北省境内的荆沙、潜江等七个市县以及山东省和湖南省部分地区。截至目前，区域内共发现 24 个油气田，现在都已经正常运作；石油蕴藏面积约 140 平方公里、含气面积约 71 平方公里，是中南地区重要的油气输送地；江汉油田经过多年的开发，共计生产 2000 多万吨原油和近 10 亿立方米天然气。

2.3.13　江苏油田

江苏油田位于富庶的江苏境内，其中盐城、淮阴、镇江、扬州四个地区蕴含量最为丰富，已经投入使用的油气田共 22 个，主要集中在江苏北部地区。

2.3.14　青海油田

青海油田地处青海省西北部柴达木盆地区域范围内，柴达木盆地面积 25 万多平方公里，其中富含油气的沉积面积约 12 万平方公里，随着青海地区交通运输、深加工等配套设施的完善，青海油田的开发进入了旺盛阶段，目前已经发现 16 个油田，6 个气田，取得了很好的勘探成就。

2.3.15　塔里木油田

塔里木油田是新疆南部塔里木盆地上最大的油田。塔里木盆地总面积 56 万平方公里，约占整个新疆面积三分之一，它的南北纵向长度较宽，最长有 520 公里，东西横跨新疆，总长约 1400 多公里。塔里木盆地是新疆境内典型的沙漠地带，盆地内的塔克拉玛干大沙漠是全国最著名的沙漠之一，也是自然生态最为恶劣的地区之一，在如此艰难的环境下，科学家经过不懈努力，不辞辛劳，最终发现了塔里木油田。1988 年，我国开始对塔里木油田的勘探工作，轮南 2 井喷正式开始运作，经过数年的努力，终于探寻到 26 个含油气构造、9 个大中型油气田，一共发现油气蕴藏储量 3.78 亿吨，按这个数字计算，基本每年塔里木油田都能出产 500 万吨原油和约 35 亿立方米天然气。

2.3.16　吐哈油田

吐哈油田地处哈密盆地和新疆吐鲁番盆地境内，是新疆境内的一处大型油田。20 世纪 90 年代初，国家开始进行全面油气勘探，仅仅用了四年时间就取得了重大的成果，先后发现探明了 6 个含油气构造和 14 个油气油田，探明石油蕴藏储量数亿吨，是新疆能源供应的一个重要支撑。

2.3.17　玉门油田

玉门油田地处甘肃玉门市，总面积约 115 平方公里。1939 年玉门油田就已经开始投入使用，并且支撑了当时全国几乎一半的石油供给，到 20 世纪 60 年代—70 年代，玉门油田仍然具有巨大的潜力，继续为西北工业提供动力，一度被誉为中国石油工业的开端。

我国是一个拥有丰富陆地石油资源的国家，陆地石油资源的开发已经步入正轨，但同时，我们也应该注意，我国也是一个海洋油气资源的蕴藏极其丰富的国家，只是因为海洋技术有限，海洋油气资源的开发较为缓慢。我国的海上油气资源多集中在中国近海海域地区，这些地区由于长时间的沉积，堆积成了海底盆地，进而形成了近百万平方公里的含油气构造。我海洋油气盆地较多，主要有：南黄海盆地、渤海盆地、珠江口盆地、南海南部诸盆地、北黄海盆地、北部湾盆地、东海盆地、台西盆地、台东盆地等。我们需要认识到，21 世纪是一个重视海洋的世纪。目前，我国逐步加大对海洋油气资源的重视，加大技术创新投入，在海洋资源利用方面做出积极的努力，现在已经在黄海、渤海、南海北部和东海等地区加大海洋资源勘探投入，以实现我国的海洋资源战略。

》 2.4　中国地质灾害现状

中国是一个地质灾害多发的国家，频繁的地质灾害一方面给中国人民带来了巨大的经济损失，另一方面也给人民生命带来了巨大的威胁，分析了解中国地质灾害的分布、规律，探测地质灾害发生的内因，是我国地质灾害研究的重中之重。

2.4.1　中国地质灾害的分布概况

中国地质灾害类型多，分布广，以全国发生的滑坡、坍塌、泥石流等灾害为例，我们可以看到，全国共有 2000 多处地方遭受过滑坡、较大型崩塌可以达到 3000 多处、泥石流也有 2000 多处，规模稍微小的泥石流、滑坡、崩塌最多可以达到十万处，其中全国岩溶塌陷数量将近 3000 处，如果算上其他类型的塌陷，塌陷的地坑就有 3 万多个，塌陷的面积更是接近 300 多平方公里。中国许多地区都遭受滑坡、崩塌、泥石流的摧残，大到村庄、几千公里铁路线、基础设施，小到工厂、矿山，基本上都免不了地质灾害的威胁。以岩溶塌陷灾害为例，我国遭受过岩溶塌陷灾害威胁的地区非常广泛，除了极少数省市因为地质原因和自身保护等原因免受其害外，像天津、北京、甘肃、河南等，其他地区很少能避免岩溶塌陷的威胁。

图 1-15　汶川地震

有数据统计，截至 2012 年 4 月，全国采空塌陷事故共有 180 次以上，分布在全国 20 个省、市内，受破坏面积多达 1000 多平方公里。地面沉降问题也尤为严重，其中，江苏、上海、天津、陕西、浙江等 16 个地区都出现了这样的情况。地裂缝分布范围广，在河北、陕西、广东、山东、河南等 17 个省都有出现，之间造成地面上千条间隙的产生。有数据称，20 世纪 80 年代末到 90 年代初期，地质灾害每年共造成 300 多人死亡，数千人受伤，给基础设施、房屋、工厂等带来巨大的威胁，直接给经济带来 100 多亿元的损失；20 世纪 90 年代中期以后，情况并没有好转，反而更加恶劣，每年死亡人数多达数千人，经济损失也翻了两番，高达 200 多亿元。这样的情况持续进展，对社会稳定造成了极其恶劣的影响。

地质灾害的危害性和周围地质环境背景、植被存在类型、气象条件密切相关，加之人类不合理的经济建设活动，使地质灾害具有非常复杂的姿态。

中国位于喜马拉雅构造带和环太平洋构造带交汇的地带，中国大陆在地球动力作用下不断运动，很大一部分原因在于，它处于印度板块向北延伸对亚洲板块的碰撞下和太平洋板块的俯冲地带。印度板块与亚洲板块在不断碰撞中逐渐形成了中国西藏的喜马拉雅山，并抬高了青藏高原的海拔，然而东部地区却因为太平洋板块向下俯冲，形成了华北平原、东北平原、松辽平原等。印度板块和太平洋板块的升降和汇合，塑造了中国基本的地形地貌，同时也为我国地质灾害频发埋下隐患。

中国北东向构造和东西向构造的相互交叉，使中国地质特征也呈现出相互交叉的特点，这种特点又在多方面得到体现，塑造了中国在地形和地质构造上的独特形态，这种形态使我国形成了一种近南北向和近东西向的地域分化特点，地域的明显分化带来地质灾害的区域差异性，我国地质灾害的分布也带有南北分带、东西分区、亚带成网的特点。

我们把中国划分为三大区，自东向西，经过大兴安岭，到达太行山、武陵山、雪峰山一带，然后途经贺兰山、六盘山、龙门山，最终到哀牢山，我们把这一带称作三大区的分界线。东区平原居多，地势平坦，海岸沿岸地势起伏不大，雨水丰富，气候较为潮湿，这一地区水、湖、河等灾害较多，也存在地震、地面变形、盐碱化等地质灾害。中区是平原和高原的过渡地区，相比东区，这一地区地势起伏复杂，分层明显，长期高低不平的地貌在自然条件下受到风化，因此地质较为脆弱，常常爆发泥石流、滑坡、地震、水土流失、地面坍塌等地质灾害。西区海拔较高，多为高原地带，地壳运动激烈，地质结构复杂，在长期的地质运作下易发生沙漠化、冻融等地质灾害。

中国地处亚洲大陆东部，临近太平洋，具有亚热带和温带季风气候，经纬度分明，地区辽阔，地形多样，具有多变的气候类型，在这样的情况下，洪水、暴雨、干旱、霜冻、冰雹等多变气候的产生常常导致地质灾害的发生。在华北、西北和东北部分地区，天气较为干旱，白天黑夜温差差异悬殊，腐蚀作用强烈，土地沙漠化、荒漠化、土地冻融等灾害发生较为频繁。在南部、东部地区，天气较为湿润，降雨量多且比较集中，在强降雨影响下容易导致泥石流、滑坡等地质灾害的发生。在东部，地形多是平原，加上雨水充足，地区多出现沼泽化，土地盐碱化等地质灾害。

图 1-16　洪水淹没民房

中国拥有近 14 亿人口，数千年来的经济活动，历史与现实纷争不断的战乱，特别是中国进入工业化时代以来，人口的快速增长和经济的迅猛发展给自然资源增添了无尽的压力，地质灾害也日趋呈现频发的态势。在一些中部和东部地区，对地下水资源的过度开采和矿产资源的无节制利用，导致地下水位出现较大的波动，进而导致一系列地质灾害，例如地面塌陷、土地盐渍化等的发生，严重影响人类的日常生活。在一些西部地区，随着过度开垦、过度放牧现象的普遍化，土地荒漠化、水土流失等灾害屡见不鲜。

中国的地质灾害有一定的区域分布特点，地域差异明显，且具有较大的趋向性，即从东向西、从南向北、从沿海到内陆地质灾害趋于缓和。在东南沿海地带，由于人类不合理的经济建设活动，加之该区域复杂的地形、地貌条件，使之成为地质灾害的多发地带，一旦发生地质灾害，因为它强势的经济地位，带来的损失也是巨大的。而西北部的一些地区，当发生地质灾害的时候，往往因为它的地理位置偏僻和经济利益关联性差，因此，并不会造成很大的影响。有研究表明，人口密集和工业发达的地区，地质灾害的发生越来越倾向于人为因素的导向。

总之，由于地质环境差异、自然地理条件差异和人类生产生活等方面存在巨大的区别，不同地区拥有不同的地质灾害，它们的种类、特征、威胁程度和发生征兆等各不相同，具有非常明显的区域分布特征，也有自身的变化规律。随着世界经济的发展、全球环境的变更和我国经济建设的大踏步前进，我国面临的地质灾害形势将会越来越严峻。因此，加强地球深部探测，做好对地质灾害的深部研究，对我国具有重大的意义。

2.4.2 中国历史上主要的地质灾害

1954 年 7 月，由于长时间的强降水，导致长江和淮河泛滥，水位急剧上升，流域内平均水位达到历年新高，汉口地段的长江水位最高达到将近 30 米，早已经超过警戒水位线。中国政府组织人力、物力进行抗洪抢险，大力修筑堤坝、排洪泄洪，虽然最后使南京市和武汉市免受洪水淹没，但也付出了巨大的代价。数千万亩农田受损，1888 万人流离失所，经济损失更是不计其数，是中国历史上最大的洪水灾害之一。

1963 年 8 月，河北省连续下了 5 场暴雨，时间持续 7 天，最多的时候降水量可以达到 2000 多毫米。这几场突如其来的暴雨完全出乎了河北省政府的意料之外，几千平方公里的土地上承受着 1000 毫米以上的降水量，房屋坍塌、桥梁损坏、农田淹没、铁路中断，一时间整个海河流域都处于洪水的笼罩中，在这场灾害中经济损失高达 60 亿元，2000 多万人受灾。

1976 年的唐山大地震是中国历史上惨痛的一次经历。1976 年 7 月 28 日，当所有人都在沉睡的时候，随着一声巨响，房屋坍塌、地崩山摇，唐山顷刻间化成一片废墟，数百万人在灾难中遭受损失。唐山大地震的威力很快辐射到周围地区，我国三分之一的地区都感受到了明显的震感，这场地震夺走了 20 多万个鲜活的生命，重伤人数也达到 16.4 万，经济损失更是难以估量。

1998 年的特大洪水灾害是 20 世纪末中国最大的一次自然灾害，也是 20 世纪末大自然对中国人民的考验。在这一年，几乎全国各地、各个流域都发生洪水灾害，珠江、长江、松花江等流域都遭遇百年一遇的洪水，这是世界上形成时间最长、受灾害威胁人口最多、涉及面积最广、经济损失最严重的一次洪水灾害。1998 年，持续不断的强降雨，最终超出长江可以容纳的负荷，长江水倾泻而出，流域范围内的 29 个省份都受到威胁，农田、房屋损毁不计其数，受灾人数更是达到 2 亿多，甚至还造成 2000 多人死亡，经济损失高达数千亿元。在与洪水旷日持久的抗争中，国家共动用了近亿人的人力资源，物力、财力更是难以计算。

2008 年，汶川地震的爆发让很多人至今仍记忆犹新。北京时间 5 月 12 日 14 时 28 分 04 秒，四川汶川爆发里氏 8.0 级特大地震。短短几分钟，整个地区的房屋、学校、铁路、通信等瞬间化为乌有，与此同时，几乎大半个中国都感受到了这场地震的"威力"。根据民政部的统计，地震造成 6.9227 万人死亡，37.4643 万人受伤，失踪人数达到 1.7923 万人。地震发生后，中国政府积极组织一切人力、物力、财力开展救援工作，把生命放到第一位，社会各界也纷纷施以援手，全国人民众志成城，一起度过了那段最艰难的时刻。

2015 年 12 月 20 日，深圳一个工业园区发生特大泥石流灾害，举国震惊，园区内工农业建筑大都遭到损坏，泥石流涉及范围约 38 万平方米，规模巨大，损失严重。事故发生后，国家领导人第一时间作出指示，要求各方立刻开始救援工作，同时严查事故原因。经过多方调查，泥石流发生的原因是由于长期违规堆积废弃的渣土、残土，导致地面地质结构遭到破坏。灾难共造成 91 人失联，截至 2016 年 1 月 12 日晚间，已确认死亡人数 69 名。

》 2.5 中国深部探测的实践

不管是出于自然资源的开发，还是出于地质灾害的预防工作，中国进行地球深部探测已经刻不容缓。早在 20 世纪 50 年代，中国便已经开始了深部探测的征程，中国的科学家们率先在地震剖面上取得了一定的成就。曾融生院士研究发现了柴达木盆地地震剖面，后来，其他科学家又陆续发现并进行了华北盆地地震剖面实验。到 20 世纪 90 年代，宽频地震观测技术和深地震反射剖面已经被我国掌握，并且已经应用到实际地质活动中。经过我国地球物理学家多年的努力，我们在天山、大别山、喜马拉雅山等山脉区域范围内开展地质活动，成功进行多次地震剖面研究探测，取得巨大的成果，实验得到的数据具有很好的参考价值，并受到国际社会的认可。另外，我国在深部探测领域与国外不断进行着合作，与美国方面合作的"青藏高原深地震探测"项目在高原地壳流体和印度地壳俯冲作用方面已经取得了不错的成就，这一项目更是不断扩大合作，吸引了不少其他国家如德国、加拿大的积极参与，成为中国参与国际深部探测的一段佳话。

我国正式把深部探测作为一门项目规划是在国家"十五"计划期间，这期间国土资源部出台了项目规划，旨在通过成像技术和高分率反射地震技术研究深部矿层结构，以探测地下的矿产资源，为我国矿产资源的探寻开辟新的道路。为此，我国开始了一系列实验，首先在铜陵矿集区开始探测，并成功利用技术发现了矿层的深部分布形态，掌握了矿物层内部的地质成像结构。

我国在地球深部探测的道路上取得了一定的成就，逐渐形成了自己的研究体系。20 世纪 50 年代，我国首次开展深部探测研究，到 80 年代，已经初具成就，开始研究地学断面并首次制作成了约 4000 千米的地震反射剖面。进入 21 世纪以后，我国开始在深部探测技术设备引进与研发层面加大投入，中科院、教育部、中国地震局、国土资源部也联合开展了在中国东西部等重要地区的仪器观测。我国地球物理学家在技术层面取得了突出成绩，使我国在阵列大地电磁技术、大功力瞬变电磁技术、大跨距深孔对接技术等方面居于世界前列。需要注意的是，由于我国深部探测起步晚、底子薄、人员相对缺乏，与西方发达国家在技术和设备研发方面仍然有较大的差距，因此，需要我们不断地吸取先进的科学技术，与时俱进，不断创新。

》2.6 "深部探测技术与实验研究专项"项目

"深部探测技术与实验研究专项"英文名称为 SinoProbe，简称地球深部探测专项，在第四十个"世界地球日"当天，即 2009 年 4 月 22 日，国土资源部联合其他部门发布了地球深部探测计划项目，正式拉开了我国地球深部探测的序幕。

2.6.1 深部探测的总体部署

地球深部探测的总体部署是围绕"两网、两区、四带、多点"四个部分展开的。"两网"指的是全国地球化学基准网和全国电磁参数标准网两个部分;"两区"指的是分别华南地区和华北地区这两个区域建立的华南综合探测实验区和大华北综合探测实验区;"四带"指的是全国范围内具有代表性的地域带,既有高海拔的青藏高原腹地,又有临近水域的三江活动带,西秦岭中央造山带和松辽油气盆地则是"四带"的另外两个部分;"多点"指的是罗布莎地幔探针、金川铜镍矿集区、大巴山前陆、腾冲火山等。

2.6.1.1 两网

"两网"作为物质组分探测和深部结构探测的一种标准参考系,是一种基础性的工作,它是中国地质勘探工作开展的参数网,是以组分、物性为某种基准的覆盖整个中国的参数网,"两网"的部分实验将逐渐开展。

全国地球化学基准网一共建立发现 76 种元素基准值,这些元素都来自于出露地壳的物质。这一发现为下一步探测地壳物质的基础性提供了可供参考的数据,并成功在中国大陆内研究出元素的空间和时间分布。我们按照每一个地球化学基准网的某种标准来进行野外探寻,这一表格大小往往是 160 千米 × 160 千米,通过样品采集、分析,仔细研究区域内地质岩石组成、构造背景等,进行有针对性的实验。

全国电磁参数标准网的主要任务是建立幔三维导电性结构标准模型"格架"和 $1° × 1°$ 华北地区壳,提供依据以支持全国范围的高度准确的区域电性"基准点"观测网最佳网度,为研究上地幔三维导电性结构标准模型和中国大陆地壳做出一定的铺垫。全国电磁参数标准网是指成立网度为 $1° × 1°$,并且覆盖全国的高度准确的区域电性"标准点"观测网控制格架，这一观测网络是以华北为基地建立的，引导了高新技术的推进和创新。

2.6.1.2 两区

"两区"集中存在于我国的东部地区。大华北和华南地区资源环境问题较为突出、地质基础资料比较集中、实验条件充沛，在这样的地区进行深部探测试验具有较强的代表性。为了寻找矿产资源，缓解能源压力，开展"两区"实验可以很好地实现这一目标。

华南综合探测实验区包括6个组成部分，第一部分是南岭—武夷山成矿带的矿集区立体探测，采用立体式的探测对区域内成矿结构进行分析；第二部分是铜陵矿集区科学钻，研究的目的是验证并且标定地球物理参数，用作实验参数；第三部分是指途经东南沿海，到武夷山，抵达江绍古缝合带与扬子古陆交叉地带，然后经过雪峰山、四川盆地、龙门山等地，构造出了一条超长反射地震剖面；第四部分指的是庐枞火山岩盆地科学钻，它的目的是验证并标定地球物理参数地球化学廊带调查；第五部分指的是长江中下游的成矿带庐枞矿集区，这一地区具有重要的研究价值；第六部分主要研究地球化学走廊带，进行详细的调查。

华南地区是两个陆快拼接而形成的，这两个陆快分别是扬子陆块、华夏陆块，在不断运动过程中，印支、燕山和加里东发生了地质变形运动。实验区内开始了对扬子陆块和华夏古缝合带的研究，并经过武夷山成矿带和变异的花岗岩带。与此同时，华南综合探测实验区开始探测东部的潜藏矿产，通过系统的技术指导和不懈的深部探索，使东部矿产资源的探索逐渐走上正常的轨道。燕山期产生了巨大的花岗岩和宽大的火山岩带，伴随发生的岩浆爆发活动，产生了位居世界第一的锡、钨、铋、钼和重稀土矿产。

大华北综合探测实验区共分为五个部分，分别是：北京活动带现今地应力测量；大华北地球化学基准网，地震剖面解析，形成地球化学调查走廊；莱阳盆地境内中国南北古板块界线科学钻，进行科学站实验，及胶东反射地震剖面地球物理标定验证，得出实验数据；连接胶东半岛，到胜利油田，经过燕山造山带，直达内蒙古，形成一条古亚洲带综合地震探测剖面，同时参与基准网标定；$1° \times 1°$ 大地电磁场"标准点"观测网，网内实行探测实验。

华北实验区有许多大型油田，规模在我国油田排行中居于前列，像面积最大的胶东金矿田、新型开发的环渤海经济圈范围内的渤海油气资源等，这些油田靠近北京，成为首都重要的能源供应基地。环渤海油气盆地经测量是中国地幔上升最高、地壳最薄弱的地区，因为存在不正常的高热流值，产生了比较少见的富金的油田，它的外圈分布许多矿田，辽东、燕山金矿富集带、胶东金矿田等环绕其周围。我国既处于古亚洲构造域范围内，又与中、新生代太平洋地带交叉，具有复杂的地质构造形态。加大对华北实验区深部探测的投入，是我国深探进程的重要催化剂，也是我国科学发展史上的重要一环。

2.6.1.3 四带

青藏高原腹地、三江活动带、西秦岭中央造山带、松辽油气盆地横跨中国东西部，构成了一条稳定的地质区域带，区域带的分布主要以西部为主，"四带"针对地质结构的特殊性进行实验，然后进行相对应的技术研究。

青藏高原地势相对平坦。至于原因，科学家们认为可能是下地壳流体作用推动的，也可能是欧亚板块和印度板块在青藏高原汇合的产物，总之，这一地形地貌结构是一个非常独特的实验室，可以帮助我们研究地球的地壳深部反射地震探测技术。在前人的基础上，这次实验又取得了新的进展，主要是在 MOHO 与地壳信息方面有新的发现，与此同时，实验也了解到了羌塘盆地的深部构造控制作用和油气开发远景。

三江活动带是地区基础数据研究的重要地带，为了这一目标，在三江活动带上建立了世界顶尖的地球动力学户外探测实验室，并持续运作，为我国地质深探建设做出重大的贡献。

西秦岭中央造山带位于我国南北分界线秦岭山脉西部地带，它与阿拉善地块构造连接成一个地震剖面，西秦岭造山带与松潘地块构造连接成了另一个反射地震剖面，这两个反射剖面是我国到现在为止发现的最长的穿越造山带的深部反射的地震剖面。对这一个剖面的研究，将有利于我们了解大陆碰撞、汇合的地质情况，找寻深部矿区，更加准确地探析地壳运作。

松辽油气盆地的开发核心是穿过松辽盆地和大庆的深部反射地震剖面，探测其内部的地壳结构，同时通过我国研发的千米钻井设备，进一步核实实验结果。松辽油气盆地是世界上最大的油气盆地之一，该项目将和大庆白垩纪科学钻探工程、大庆油田合作进行。

2.6.1.4 多点

深入进行大陆科学钻探选址和地球深部地球探测需要做很多的准备，"多点"探测很好地解决了这一问题。找寻稀缺资源，研究重大科学问题，需要一代又一代的科学家付出更多的努力。

罗布莎地幔探针是"多点"中最重要的组成部分之一，科学家们在2007 年发现了金刚石包体和斯石英假象，由此发现了大量特殊物质和金属矿物。仔细地探究矿物和罗布莎超基性岩石，可以更好地了解地幔内部结构和地幔运作规律。

金川铜镍矿集区的资源储存虽然出现短暂的短缺，但仍然是世界上面积排行第三的铜镍矿床。目前，金川铜镍矿集区最需要解决的问题是找寻新的矿源，探寻新的研究方法与技术，为科学钻选址提供一定的参考。

腾冲火山是"多点"中唯一的一个火山集聚点，它一方面展示了全新世岩浆成矿作用的活跃性，另一方面也解释了地质构造作用的剧烈性。在资源探寻方面有重要的研究价值，同时环境保护与开发也能从中得到启示。

大量向下俯冲的物质来回运动后堆积起来，和苏鲁超高压变质岩石剥露后的堆积物汇集后，形成了山东莱阳盆地，山东莱阳盆地富含巨大的油气资源，研究中国北部与南部板块交汇处的地质资源构造离不开山东莱阳盆地，对这一地区的开发具有非常的经济价值。

2.6.2 深部探测专项的九个项目

地球深部探测一共有九个项目，分别是项目一：大陆电磁参数标准网实验研究；项目二：深部探测技术实验与集成；项目三：深部矿产资源立体探测及实验研究；项目四：地壳全元素探测技术与实验示范；项目五：大陆科学钻探选址与钻探实验；项目六：地应力测量与监测技术实验研究；项目七：岩石圈三维结构与动力学数值模拟；项目八：深部探测综合集成与数据管理；项目九：深部探测关键仪器装备研制与实验。前八项项目更多的是对深部探测技术层面的研究，项目九开始深部探测装备的研发与实验。在前八项项目的研究发展基础上，项目九深部探测关键仪器装备也开始进入正式研发阶段，地球深部探测专项实验就是一个把深部探测技术应用到装备设计、研发和使用的过程，本书主要研究深部探测第九个项目，即 SinoProbe-09。

SinoProbe-09 项目一共投入 3 亿多元用于科研实验，2010 年 6 月，SinoProbe-09 项目成功立项，开始投入运作。与此同时，国家出台了《地壳探测工程》规划，计划用三年时间完成，并力图取得阶段性成果。这个项目聚集了数百位来自地质科学系统、装备研发系统、高校培训系统的专家学者，协同各个部门一起进行探索和研究，同时由国家管理部门统筹全局，力图发展高科技地质装备，展现出我国的资源技术优势。深部探测关键仪器装备研发的目的是改善我国的技术瓶颈，摆脱我国对外技术的依赖和提高我国自主研发装备的能力。

图 1-17 深部探测专项启动仪式

2.6.2.1 "深九"项目总体目标

针对国家矿产资源的探索计划和《地壳探测计划》的规划，汇集各方力量，扩大研究领域优势，提高自主装备研发力量和能力，打造出自己的知识产权结构，形成行业领先态势。研究发展大中小型无人机航磁探测系统、深部地质科学钻头、优化深部探测仪器设备，为资源开发、复杂地形勘探、地球深部探测，提供一定的技术引导和设备提供。另外，通过深部勘探实验示范基地的建立，可以引导重型装备技术的建立和突破，继而带来一定的检测指标，以规范仪器装备的研发设计，为我国深部探测事业带来稳定的人员、技术支撑。

2.6.2.2　总体部署

首先研究理论，以实验区示范观测为基点，建设华北实验区（1°×1°）高精度区域电磁场标准网和涵盖全国（2°×2°）的高精度区域电磁场"标准网控制格架"；建设幔电磁三维结构模型、1°×1°和2°×2°网度的壳，为进行地球物理建模实验提供支持，为建立地幔三维电磁结构标准模型和大陆地壳提供参考数据；建立三维物性数据体成像方法和高精度电磁参数标准网建构途径。

2.6.2.3　主要研究任务

SinoProbe-09集中利用全国各方的力量，它的主要研究任务是：第一，研发高效率航空无人机探测系统及其配套的数据分析平台，推进航空探测技术的发展；第二，研发电磁探测系统、无缆地震数据采集系统，以此带动高新设备的研发；第三，建设地球深部勘探实验示范基地，以实验示范基地为平台进行技术研发、人员培养、样本采集等示范活动。以踏实严谨的态度，提高我国深探装备研发能力以及解决设备实际运用的问题和难题；第四，建立先进的软件设计与开发平台，摆脱对国外先进技术的依赖，独立自主地进行数据处理分析，并通过软件进行探测的模拟实验活动；第五，增强现代工艺和钻探项目研究的集成度，继续增加超深科学钻的全程取样力度和其验证的深度。

2.6.2.4　关键问题

解决三维电磁数据反演成像的问题；处理对弱信号的采集问题；推进测区地下空间精细电性结构的重建工作。

针对丰富多样的数据，对地质目标寻找的风险和可能性进行评估；建立数据质量的评估标准，完善事后处理和快速移动平台的建立；完善平台插入技术，改善软件高精度数据丢失及失误现象，提高分析软件分析处理能力。

地震采集站数据同步采集技术；低噪声地海量数据存储和采集技术；高精度 GPS 静态自定位技术的采集；研究相控电磁式可以控制的震源的工作方式问题；采集站的低功耗设计技术。

设计光路实现电路跟踪并测量光磁共振时磁场强和光磁共振；高平衡度一阶梯度计和多探头测量数据融合加工制作；研制自动驾驶与导航仪；研制超导磁力仪组件；研制需要满足高强度、无磁化、测线精度、地形匹配等要求的无人机飞行平台。

多元数据的数字化平台、集成与融合；仪器装备的野外条件可靠性与适应性的检验标准确定；规范化管理的测试内容和具体方案。

高精度自动送钻系统设计方案；高转速顶驱系统设计方案；耐高温涡轮马达液动锤绳索取心三合一钻具设计方案；轻质高强铝合金钻杆的研究方案；高温泥浆体系研究方案。

3 深探领域人物记

我国深部探测的发展汇集了一代又一代地质科学家的心血，既有老一辈地质科学家的辛勤铺垫，也有新一代学者孜孜不倦的努力。我们必须牢记他们，记住他们为我们书写的美好篇章。

》 3.1 深探人物记

3.1.1 黄汲清

黄汲清，出生于 1904 年 3 月 30 日，是我国老一辈地质学家的领军人物，也是我国著名的地质构造学、古生物学专家。1928 年他从北京大学地质专业毕业后便投身于中国地质事业的建设中，并取得了重大的研究成果。其中最重要的研究成果是在中国地质制图方面取得的成就，即划分了中国地质学上的大地构造旋回和主要建构单元，并将此地质构造运用到了板块结构的研究上，是我国在这一领域范围内的先驱。

3.1.2 张炳熹

张炳熹，出生于 1919 年 6 月 12 日，1980 年被评选为中国科学院地学部院士，是我国著名的地质科学家。他曾担任过重要的地质学界领导职务，在科学技术司、高级咨询中心等多个部门都担任过重要职务，还曾经在北京大学地质系进行教学工作。张炳熹于 1984 年担任国际地质科学联合会副主席一职，1992 年又得以连任。在中国地质事业的发展过程中，张炳熹的贡献是不可磨灭的，不管是资源勘探，还是教育规划，他都是中国地质学界的骄傲。

3.1.3 王鸿祯

王鸿祯，1916 年出生于山东，是中国著名的地质学专家。他毕业于北京大学地质系，毕业后又到英国剑桥大学深造，获得了博士学位。王鸿祯开创了我国的地层古生物研究事业，同时为历史大地构造学提供了研究标准。他的研究领域涵盖范围广，涉及古地理学、地层学、大地构造学、生物学等多个学科，在跨学科领域研究中取得重要成果。

3.1.4 孙殿卿

孙殿卿，中国地质学史上的传奇人物，是我国享誉盛名的石油地质学专家。他 1910 年出生于黑龙江省哈尔滨市，25 岁的时候从北京大学地质系学成毕业。孙殿卿研究领域广泛，他发现了我国的第四纪冰川学，开启了我国冰川研究的新领域。同时，他在油气勘探特别是柴达木油气勘探领域取得了重要成果，为我国油气资源的勘探与开发提供了很好的技术指导，是我国地质科学不可或缺的奠基人。

3.1.5　郭文魁

郭文魁，1915 年出生于河南省安阳县，是我国著名的矿产和地质学家。他长期参与全国地质矿产的科研与调查工作，积累了宝贵的经验，在此基础上提出了新矿床学理论，为我国矿产学发展注入新的动力。他勘探过中国的许多区域，对内蒙古、南岭、长江中下游、胶东半岛等区域的地质矿产进行过详细的勘探解析，总结提出了一套自己的成矿构造理论，即"金属成矿的渗浸和注浸作用"理论和"中国金属矿床三大成矿域和三大成矿旋回"理论，这些理论对中国地质勘探事业起到了举足轻重的作用，推动了中国成矿技术的改革与创新。

3.1.6　刘广志

刘广志，1923 年 3 月 11 日出生于北京，是我国著名的深部矿产勘探专家，长期从事深部探矿工作，为我国矿产勘探事业奉献了宝贵的一生，被誉为我国深部探矿工程的铺路人。刘广志的研究领域非常广泛，涉及地质、石油、水文地质等，其中在攀枝花、铜官山等矿山的开发中，刘广志都发挥了重要作用，为项目提供了关键性的技术指导。在松辽盆地油井开发、小型钻探使用、上海地面沉降等问题中，刘广志创造性地运用地质学的相关知识，很好地解决了这些难题。他领导开发了孔底动力机钻探、绳索取心钻、反循环钻探、定向钻探和空气钻探五项技术，使我国钻探技术进入世界前列。

3.1.7 李廷栋

李廷栋，中国科学院院士，1930 年出生于河北省栾城县，是中国地质编图和区域地质方面的著名科学家。他曾经在北大地质学科进行了长期的学习，积累了丰富的地质知识。在区域地质研究方面，李廷栋在西藏青藏高原、四川山脉、大兴安岭等多地进行过实地考察，发现了许多重大地质成果。在进行大兴安岭地带研究的时候，他发现了热河动物群、前震旦系与得尔布干大断裂，根据这一发现，他经过大量实验分析，提出了地质构造的演变进化规律，为地质深部探测领域带来了非常宝贵的资料。在地质图册编辑过程中，李廷栋采用先进、创新的方法理念，经过考察实验，逐步完善了我国的地质制图体系。

3.1.8 肖序常

肖序常，中国科学院院士，1930 年 10 月 12 日出生在偏远的贵州地区，现在我国国土资源部地质研究所任职，长期从事地质研究，是我国著名的地质构造学家。肖序常最重要的地质学成果就是对板块构造理论的应用，他把这一理论同中国的大陆造山带形成的实际联系起来，对国内原有的理论进行革新，解析出了我国新的地质构造格局。

3.1.9 陈毓川

陈毓川，1934 年出生在浙江省平湖市，长期从事矿产研究，是我国著名的地质矿床专家。1959 年，陈毓川从乌克兰顿涅茨理工大学学成归国，之后便开始从事中国地质矿产事业，并奋斗至今。1997 年，基于陈毓川对中国地质矿产事业的杰出贡献，他被评选为中国工程院院士。陈毓川的主要成就在于对广西地下矿产的探测，并根据长期的勘探发现，总结了一套地质探测的规律，为我国地质勘探提供了很多值得参考的数据。

》3.2 深部探测专项人物记

3.2.1 谢学锦

谢学锦，1923年出生于上海，是中国著名的地球勘探化学专家。谢学锦长期从事勘探地球化学工作，对这一工作具有浓厚的兴趣，在他早些年参与的地球化学工作中，他便同外国友人发现了金属矿床的原生晕分带特征，提出了一种新的分布形态。谢学锦是我国地球化学的领军人物，《区域化探》一书是他研究理念的很好体现，书中提到的发展研究规划，指导了中国地球化学填图化勘探的开展，使中国在该领域取得重大优势。

3.2.2 常印佛

常印佛，江苏泰兴人，1931年出生，长期从事矿产勘探和矿床研究，并取得重要成果，成为推动我国地质勘探发展的重要人物。常印佛毕业于清华大学地质系，1952年毕业后，他就投身到安徽铜矿的勘探工作中，积累了宝贵的经验。经过几十年的地质勘探实践，常印佛在矿产研究领域已经取得了巨大的成就，他发现了岩浆作用和沉积作用，根据矿床种类的不同、所发挥的效应不同，由此一个新的矿床种类被他提出，这在中国矿产研究史上具有跨时代的影响。

3.2.3 杨文采

杨文采，广东大埔县人，出生于1942年，是我国著名的地球物理学家，中国地质科学院地质研究所研究员，参与指导了我国大陆科学钻的钻探工作。他的主要成就在于地震反演方法的推算创新，他在前人的基础上建立了新的地球物理反演理论架构，并把这种理论架构应用到了实际的矿产勘探过程中，成功预测出中国大陆科学钻探主孔岩性的结构。

3.2.4 许志琴

许志琴，1964 年从北京大学地质地理系毕业，之后又到法国从事地质学习，1995 年被选为中国科学院院士。徐志琴是裂谷构造方面研究的专家，20 世纪 80 年代，她提出了"新的构造观"，并以此为指导开始了青藏高原造山带的地质结构的研究，区分了大陆山链和造山作用阶段的"构造造型"，推动了我国大陆科学钻探的进一步发展。

3.2.5 董树文

董树文，1954 年 6 月出生于安徽芜湖的一个小镇上，祖籍河北省献县。他毕业于合肥工业大学地质学科，毕业后继续在中国地质科学院深造，取得博士学位。1975 年，董树文开始从事地质勘探事业，先后从事过各种地质研究部分，担任不同的地质研究职务，在深部探测领域积累了宝贵的经验财富。2008 年，董树文被任命开展深部探测技术与实验研究专项（SinoProbe），截至目前，已经取得了巨大的成功。董树文被国土资源部评为中国第一批跨世纪人才，他是国家千百万人才第一层次人才的重要成员，是享受国家津贴的科技奖评委，是我国深部探测事业的引路人。

3.2.6 高锐

高锐，1950 年 5 月 11 日出生于吉林省长春市，中国科学院院士，著名的地球物理学家。高锐主要从事大陆岩石圈结构和深部地球物理深探的研究，发明并引进了许多先进的地质勘探技术。经过几十年的努力，他顺利完成了塔里木、青藏高原、天山三天地学大断面的实验研究，为我国地质学研究提供了大量的分析数据，推动了中国地质研究的发展。

3.2.7 底青云

底青云研究员是地球深部探测专项项目二级地面电磁探测系统研制

的负责人，是我国著名的地球物理研究专家，她目前在重点实验室工作，担任副主任一职，同时得到中国科学院地质与地球物理所的聘请，担任创新研究员。底青云主要研究方向为高密度电法、可控源电磁法等领域，并在该领域取得了重大成果。值得一提的是，目前她的研究成果已经成功得到运用和实践检验，在南水北调项目、金属勘探项目以及铁路隧洞建设中等都得到很好的应用。

3.2.8　郭子祺

郭子祺，1963 年 2 月出生于陕西西安，是地球深部探测专项项目九的重要参与者，目前担任国家遥感应用工程技术研究中心副主任，同时被中国科学院遥感应用研究所聘请为研究员。郭子祺是地球深部探测项目三，即固定翼无人机航磁探测系统研制的负责人，他身为项目负责人，主动参与国家科技攻关项目和国家自然科学基金项目，带领团队在无人机航磁领域不断攻克难题，并取得优异的成绩。郭子琪曾多次获得国家科技系列奖项。

3.2.9　林君

林君，1954 年出生于吉林通化，长期在吉林大学从事教学工作，现担任吉林大学仪器科学与电气工程学院院长。他在为国家培养下一代的同时，不忘投身到实际地质工作中，连续被评选为吉林省杰出教师、地矿系统优秀工作者、省管优秀专家、教育部跨世纪优秀人才。林君主要进行与地球探测仪器与技术方面有关的研究，也是地球深部探测项目四无缆自定位地震勘探系统研制的项目负责人。

3.2.10　孙友宏

孙友宏 ，1965 年 7 月出生于江苏如皋，现担任吉林大学副校长、党委常委一职，长期从事教育工作。 孙友宏是地球深部探测专项项目五深部大陆科学钻探装备研制的负责人， 他的研究方向是油页岩探测、仿生机具和天然气水合物钻采。孙友宏对我国地质勘查事业提出过很多建设性的意见，他研究的《勘察工程专业改革与实践》项目提供了很好的教学示范。2014 年，国务院学位委员会聘任孙友宏为学科建设评议组成员并给予国务院政府津贴。

3.2.11　徐学纯

徐学纯，1954 年出生于吉林公主岭，吉林大学教授，博士生导师。现同时担任吉林省学位委员会委员、地质调查研究院总工程师、国务院学科建设评议组成员三个职务，是地球深部探测专项项目六，即深部探测关键仪器装备野外实验与示范的项目负责人，他的主要研究领域是流体地质学和变质地质学。

》3.3　深九专项首席科学家——黄大年

黄大年，1958 年 8 月出生于广西南宁，教授，博士生导师。1982 年 1 月和 1986 年 7 月分别获得长春地质学院（现为吉林大学朝阳校区）应用地球物理系学士和硕士学位。在留校任教 6 年后，获 1992 年度国家教委 "中英友好奖学金项目" 全额资助，选送英国攻读博士学位，1996 年 12 月获英国 LEEDS 大学地球物理学博士学位。曾连续 12 年任英国剑桥 ARKeX 航空地球物理公司高级研究员，担任过研发部主任，博士生导师，培训官。长期从事海洋和航空快速移动平台高精度地球微重力和磁力场探测技术研究工作，致力于将该项高效率探测技术服务于海陆大面积油气和矿产资源勘探民用领域。主要负责数据质量监控技术和系统研发、全张量地球物理场数据处理及解释方法研究以及相关软件系统研发。主持研发的部分公开产品有二维和三维重磁震井联合解释软件系统 ARKFIELD、地球物理勘探风险分析系统等。多数产品已应用于中西方多家石油公司。2009年12月，辞去前任职务，由国家"千人计划"特聘专家（第二批）教育部国家重点学科口引进。现任吉林大学地球探测科学与技术学院教授，国家863计划资环领域主题专家，国家863航空探测装备主题项目首席科学家。同时，担任国家"地球深部探测技术与实验研究专项"（SinoProbe）项目九首席科学家，负责"深部探测"重型装备研发工作，其中包括：无缆宽频带地震勘探系统，大功率地面电磁勘探系统，无人机航空磁测系统，大陆超深科学钻探装备以及相关软件系统和试验基地建设等项研究内容。2011年，获吉林大学"十一五"科技工作突出贡献奖和吉林大学"三育人"标兵荣誉称号；2012年，获长春市劳动模范荣誉称号和中国华侨贡献奖"创新人才奖"；2014年，获吉林省劳动模范荣誉称号。

图 1-18　黄大年教授

黄大年出身于书香门第，父母都是老一辈的知识分子，从小在文化的熏陶下，对知识充满渴望与敬畏。很小的时候，黄大年便受到父母严格的教育，父亲常常在日常小事中锻炼黄大年的记忆能力和应变能力，随时对他进行读书抽查和提问。他回忆道：父母严格的教育为他日后学习提供了不可或缺的保障。

　　"文化大革命"爆发那年，黄大年8岁，正在上小学3年级。他们一家由于受到这场洪流的波及，被下放到广西南宁一个遥远落后的山村，开始了艰苦的生活。黄大年逐渐适应了这种生活，艰苦的条件更加激发了他奋进的心。上初中的时候，黄大年离开家里到罗城县的"五七"中学上学，这是一个封闭的教学环境，学习和生活都井井有条。黄大年从这里学习到如何自律和独立，他还喜欢听下放的知识分子讲课，黄大年从他们身上看到了知识最闪闪发光的一面，这更加坚定他追求知识的信念。高中时，黄大年跟随父母辗转来到广西贵县，并顺利考入了贵港中学，在这里黄大年结识了很多淳朴、开朗的朋友，他们来自广州军区塔山守备英雄团野战部队。对于高中时光，黄大年回忆道："这是我人生中一段无拘无束的时光，逐渐抛开了儿时经历的一些心理阴影。"

图 1-19　黄大年教授指导学生

　　高中的学习生涯很快结束，毕业后的黄大年直接投身到基层的地质工作当中来，并在实际操作中积累了丰富的地质经验，也遇到了很多挫折和困难，这段经历使他更加珍惜后来恢复高考后的读书机会。1977年恢复高考后，黄大年毅然拿起书本，继续踏上求知的路途。山里面条件苦，晚上蚊虫叮咬，黄大年常常彻夜读书，他回忆道："那时候只有考试大纲，没有参考资料，不知道考什么范围，更不知道考试技巧，只能尽全力汲取所有能接触到的知识。小时候养成的学习技能派上了大用处，两本300页的政治、历史、地理复习题内容，临考前3天就背完。"黄大年的努力得到了回报，最终他以优异的成绩考入了当时在国家地质研究领域成绩突出的长春地质学院应用地球物理系（现吉林大学朝阳校区），这也是当时我国唯一一所研究航空地球物理专业的学院。大学为黄大年提供了一个崭新的平台，1978年2月，他独自带着行李来到长春火车站，开始了与这座城市剪不断的联系。在这里，黄大年认识了许许多多的知识分子和地质工作者，不仅在生活上得到他们的关照，更从他们身上学到了丰富的理论和实践知识，这为他日后在地球深探领域取得超高造诣提供了重要的铺垫。黄大年底子薄、基础知识欠缺，但他凭借自己的努力和勤奋弥补了这一缺点，在大学期间，连续多年取得"三好学生"的称号，深受老师们喜爱。

硕士毕业后，黄大年凭借优异的成绩留校任教，在教学工作中，他兢兢业业、不辞辛劳、勇于创新，很快就得到了大家广泛的认可。然而，黄大年却觉得自己还有很多不足，还有很多的知识没有掌握，不能安于现状，要不断地学习进取。1991年，黄大年获得了国家公派出国留学的机会，他被送往英国攻读博士。在全新的学习环境中，黄大年凭借自己超强的适应能力顺利完成了学业，1996年顺利取得了地球物理博士学位，并开始从事针对水下隐伏目标和深水油气的高精度探测技术研究工作，随后开始在英国长达十几年的工作和生活。

在英国，黄大年有自己的家庭，自己的团队，自己的事业，然而一次偶然的机会，当得知国家正在想办法引进高端科技人才支持科技建设的时候，他思绪万千：是国家培养了自己，成就了自己的事业，现在国家需要自己，是该回报的时候了。这是一个艰难的抉择，一方面是自己和妻子苦心经营多年的事业，共同工作了十几年的同事情谊；另一方面是国家的需要，叶落归根的浓浓乡情。黄大年至今不能忘记回国那天妻子不舍的眼神，这更加坚定了他要做出一番成就的信念。最终，黄大年毅然地放弃在英国的事业，选择返回中国，返回吉林大学的怀抱，开始献身国家地质事业，并做好了迎接新挑战的准备。

黄大年是吉林大学引进的第一位"千人计划"专家，他重回故地，肩负着国家和母校对他的期许。很快，他便被任命为国家深部探测专项项目九的首席科学家，开始以吉林大学为重要依托，组织协调校内外几百名科研专家，致力于深部探测关键仪器装备研发。他一方面参与项目整体战略规划，另一方面时时监控项目进展。"这是国家发展无法回避与绕开的话题，要发展就必须要有装备，就必须突破发达国家的装备与技术封锁"，黄大年这样理解自己的工作，他希望利用自己的专业技能和先进理念带动整个项目的发展，高效成功地完成国家交给他的任务。然而在项目刚开展的时候，黄大年遇到了很多不适应的地方，在国外养成的惯性思维、行事风格、处事理念让黄大年吃了不少苦头，甚至一度难以继续开展工作，这些压力让黄大年深感焦虑，身心疲惫并一度病倒，这时的黄大年甚至萌生了辞去首席科学家职务的想法。黄大年记得当时中组部、科技部领导找他谈过，"你必须要坚持，如果你这时候退出了，这不光是我们的悲哀，也是你个人人生的悲哀，因为你有责任为民族做点事情"，这一席话让黄大年回味良久。

事情的真正转机是在 2010 年 7 月。在国家的重视下，"千人计划"

专家代表在中组部的组织下来到北戴河度假，相互交流经验，体会心得，也趁机休息一下。黄大年也在其中，期间黄大年接触到了一大批科学家，通过和他们交流，黄大年深切体会到了，"有的人比我更难，真的是抛家舍业地回到了祖国，只为能给国家和民族做点贡献"。之后，习近平、刘延东、李源潮等国家领导人亲自来到北戴河探望科学家们，国家领导人对科学家们的尊敬、对中国科学建设的重视又一次深深地鼓舞了黄大年，坚定了黄大年把科研项目工作进行到底的决心。

度假结束后，黄大年积极调整自己的工作方式，加强同各单位的沟通协调，逐渐进入到了出色的工作状态，整个团队也开始更加有效地运作起来。黄大年利用自己多年在国外积累的人际网络，带领团队密切加强与国外先进理念和技术的交流，把国内和国际结合起来，取得了突出的成绩，他说，"要促进中国与世界的合作，建立科学家之间的互信最重要"。有一次中国科学院院士罗俊随黄大年出国考察，国外研究机构给了充分的支持，罗俊深深地体会到了黄大年的人格魅力，感慨道，"我从事这项工作这么多年，这是我第一次受到西方发达国家如此隆重的接待"。

在一次采访中，黄大年提到，他是一名教师，他要做的更多的是传承，是为国家建设培养更多优秀的人才，他常常举这样一个例子："美国人研制导弹时，将德国战犯级科学家奉为座上宾，实验之外，他们是囚犯，但在试验场上，连美国的将军都要服从这些科学家的一切命令，对他们尊敬有加。"他希望自己的团队和学生能够虚心学习世界先进的理念和技术，开阔自己的视野，能够与国际接轨，把文化与智慧传承下去。"人都是有特长的，有的人专业不够专，但是什么都懂一些，这样的人用到管理和市场中去就是'万金油'，就是我们国家缺乏的沟通型市场人才。"在人才培养方面，黄大年不放弃任何一个团队成员，常常尽心尽力地培养身边的人，他的秘书就被黄大年送到法国大使馆学习锻炼，常常随黄大年参加各种社交场合，成为黄大年对外沟通联络的重要人才。

与此同时，黄大年还担任了吉林大学李四光班班主任，他希望通过教学，把自己漂泊国外多年积累的一些经验、先进理念和专业知识传授给下一代，他说："信息时代就要用现代化的信息搜索手段，追求先进的理念必须从细节开始灌输。"黄大年希望通过和学生之间的交流，激发学生的激情和社会责任感，他希望自己的学生都能"无所畏惧，充满阳光"。虽然平时都会很忙，可黄大年从来不放弃和学生交流的机会，为此黄大年还专门建立了自己的茶思屋，他调侃道："这可能是我们学校最漂亮的咖啡屋。"

一晃多年过去了，深部探测专项也取得了巨大的成功，黄大年以其卓越的领导能力、平易近人的亲和力、严谨认真的工作态度获得了越来越多人的认可。他领导自己的团队不断创新，勇于探索，顺利完成了国家交给他的任务，为国家培养了一批批高质量的科研人才，也为母校吉林大学留下了宝贵的科研经验。

图 1-20　吉林大学续聘黄大年教授

　　2015 年 1 月，续签"千人计划"合同时，黄大年只提了一个要求——再延长两年，在吉林大学一直工作到退休。"我是带着梦想回来的，梦想和实现应该在同一个地方找到完美的闭合。学校为我的成长和回归投入了这么多，团队成员也付出了这么多，我怎么舍得离开这片精神传承的归宿之地？这是我的母校，也就是我的归宿！"

第二章

地球探测大事记

1 国外相关研究发展

纵览全球深部探测相关研究的发展历程，从 20 世纪 70 年代美国发起的大陆反射地震探测计划 (COCORP) 开始，世界各国围绕地壳和岩石圈结构的深部探测行动距今已经持续了长达 40 余年。这 40 多年的发展可以分成两个阶段来审视：从 20 世纪 70 年代到 20 世纪末，属于全球深探行动的第一个阶段；从 21 世纪初至今的十几年属于全球深探行动的第二个阶段。时至今日，我们不难看到，第二个阶段无论是在行动目标的难度，还是技术装备的先进程度上较之第一阶段都有了巨大的发展与突破。从 20 世纪 70 年代深反射地震剖面的艰难实施，到如今全球的深反射地震剖面总长和宽角反射 / 折射地震剖面总长已用万公里来衡量，而且在实施地震剖面的基础上许多国家都开展了地球的重、磁测量研究。另外，几十年的发展中，许多国家尤其是世界大国在地球深探领域都建立了自己的天然地震流动台站和固定地震观测台站，通过这些站点，全球已采集到的天然地震数据以及大地变形测量数据量难以估计，数据库十分庞大。毫无疑问，全球的深部探测事业发生了翻天覆地的变化，这种变化代表人类求知的新高度，使人类获取了大量关于自身生存家园的新知识。这种知识的启迪和眼界的拓展，能够推动人类文明向更高水平发展，最终为自己服务。

40 余年世界各国地球深部探测的实践表明，揭示大陆岩石圈演化奥秘以及重新认识其对资源与自然灾害的影响，归功于各国所开展的一系列探测计划。其中，多学科知识方法的综合以及深部探测所需的一切技术都是必需和无法替代的。以下我们将对世界其他主要国家的地球深部探测计划做一个大致的介绍和梳理。

》1.1 美洲深部探测计划

1.1.1 美国大陆反射地震探测计划

20 世纪 70 年代末，随着地下资源在各国国家战略中重要性的凸显，地球深部探测也逐渐成为了各个国家地质科学领域研究的"宠儿"。为此，作为世界第一大国的美国，为满足和适应冷战的需要，适时地开展了COCORP 计划。COCORP 的全称是"The Consortium for Continental Reflection Profiling"，意为大陆反射地震探测计划，是首次采用多道地震反射剖面技术系统探测大陆地壳结构的美国地球物探计划。这一计划在原有基础上取得了长足的进步，它将原有的近垂直反射地震技术这一石油勘探领域的技术，升级发展成了深部地震反射技术。这一技术能够穿透地壳甚至岩石圈，使其用途更加广泛，解决了深部探测的技术难题，而且在深度和精度上都达到了前所未有的水平。可以说，COCORP 开辟了地球深部探测的新纪元。经过多年的实地探测，相关科研人员在美国大陆上取得了相当多的成果。

著名的成果有：在阿巴拉契亚山脉地带发现了大面积的低角度冲断层；准确地描绘了大陆地壳与地幔间的不连续面，即莫荷界面的变化特征，尤其是关于后造山再均衡的新证据及多起成因的发现；拉拉米基底抬升的逆冲机制得到了最终确认；隐伏在克拉通地区的、典型的元古宙构造——地壳剪切带被发现并确认，等等。

COCORP 不仅是美国的，而且也是世界的。它在地球深部探测领域的成功，带动了世界上其他 20 多个国家的深部地震探测计划，为其他国家的深探发展确立了范本，奠定了基础。截至 2010 年底，这一计划已将美国大陆上的所有构造单元囊括其中，完成了 60000 千米的反射地震剖面，相当于对美国大陆做了一次大规模的"CT"，为美国地质科学的发展做出了巨大贡献。如今，这一团队已经将足迹迈到了南极大陆，相信未来它能带给世界更多的惊喜。

图 2-1 　阿巴拉契亚山脉

1.1.2　地球透镜计划

进入 21 世纪，尽管冷战的阴霾已远去，但地球科学的发展与竞争却愈演愈烈，地球深部探测仍然是各国地质科研的"必争之地"。在这种背景下，由美国国家科学基金会带头设立的地球透镜计划 (EarthScope)"横空出世"，这是美国在地球科学领域开展的一项具有开创性的大规模科研计划，是 COCORP 之后的美国第二轮地球探测计划。EarthScope 旨在通过运用众多学科领域的理论与方法，在北美大陆全面立体式地对地球构造及地质演化等方面进行研究，从地震、火山、断层，到板块、大陆构造，无不被其囊括其中。多年来，EarthScope 科研团队得到美国科学基金会以及许多美国社会组织的大力支持，在资金和设备上都获得了大量资助，取得了大量的科研成果。

地球透镜计划具体由四个子单元构成：

1.1.2.1　美国地震阵列

美国地震阵列，英文简称 USArray，是一项重点研究地震领域的地学计划，它旨在通过对地震领域进行深入科研，提高原有关于美国及周边地区地下岩石圈和深部地幔的地震图像的分辨率，最终能够对地震预测作出贡献。其主要由三个部分组成：一是轻便台阵，它是由约 2400 个便携式地震检波器构成，旨在对大型可移动台阵发现行迹的关键目标进行高密度短期观测；二是移动遥测台阵，它是由 400 个宽带地震检波器构成，旨在提供某个标准网格的实时数据；三是固定的地震检波器网络，旨在提供连续的长期观测结果，也能够对美国地质调查局的原有国家地震网络进行扩展。

1.1.2.2　圣安德烈斯断裂深部观测站

圣安德烈斯断裂深部观测站是地球透镜计划中至关重要的一项。它主要有以下两项功能与作用：一方面，它通过直接从断裂带物质中提取样本，经过实验室分析能够测定出断裂带的各种性质；另一方面，它能够通过对诸如地震强度、孔隙压力、温度和应力应变等地球物理参数的测量和长期观测，对地球深部的蠕变和地震活动，以及断裂带的情况实现及时监测与反馈。

1.1.2.3　板块边界观测站

沿太平洋—北美板块边界发生变形能够导致形成三维应变场，板块边界观测站（PBO）正是为了研究这种应变场而设立的。观测站的主体装备主要包括两部分：第一，连续记录的遥感 GPS 接收器组成的中枢网络。

它通过对广大北美大陆区域进行覆盖，能够提供整个板块边界带变形的时空图谱；第二，GPS 接收器和多组应力应变计，它们适用于构造活动地区内。

1.1.2.4　合成孔径干涉雷达

合成孔径干涉雷达，英文简称是 InSAR。它是一种专用于进行卫星探测作业的科研装备。这种探测任务旨在在广大的地理空间上实现连续性和周期性的应变测量，主要是由美国航空航天局、美国地质调查局和国家科学基金会负责和联合开展。这种探测最终会合成 InSAR 图像，这种图像能够对 PBO 测量形成的时空图谱进行补充。合成孔径干涉雷达探测能够适用于所有的地形类型，对空间和时间实现密集覆盖，而且测量所要求的矢量分辨率能够达到 1 毫米。

EarthScope 将北美大陆作为其主要的研究基地，这种选择是明智的，因为这里能够为深部探测提供各种研究范本，是一个非常理想的研究区域。北美大陆地形复杂，地质多样，既有地震与火山的多发地区，也有天然的断裂带、造山带和具有悠久历史的板块构造演化。另外，在这里，研究人员能够窥探到板块边界形成的全过程，并能够研究和揭示板块间的构造作用如何向小尺度系统进程转化，以及它们之间的相互作用。这些都是 EarthScope 研究和探测的天然范本，也能够为其提供大量的数据资料。

迄今为止，EarthScope 已经取得了非常大的成果：首先，它在北美大陆的地下已布设了非常多的探测和检测设备，采集到了大量的关于地球深部的地质数据，主要包括大地测量数据、地震数据、大地电磁数据和钻孔特性数据。这些数据主要由 SAFOD、PBO、USArray 这三个子单元采集和收集而来，充分揭示了北美大陆的深部构造和地质演化，达到了计划的目标。其次，各种探测装备与仪器得到了充分的运用与维护，实现了技术上的突破。从地震计到 GPS 接收机，从应变仪到大地电磁探测仪器，这些装备都较之过去有了非常大的升级，尤其是克服了在极端环境中和各种地质条件下使用和作业的难题，推动了地球深部探测工作的进程。更为可贵的是，装备能够一直保持正常运行并提供安全可靠的数据，这无疑是一种技术领域的突破。最后，EarthScope 的科普和教育项目得到了其他学科项目和社会的大力支持和认可。EarthScope 作为一个多学科研究领域合作的工程项目，一方面，它的成果能够被用于其他多个领域，为其他科研领域的研究做贡献。而且，多学科知识的融合，能够推动多领域科学知识的普及和学科的建设；另一方面，它的科普带动了社会对于地球深部探测领域的关注，使计划社会化，使知识大众化。

因此，对于 EarthScope 的评价，不能简单地将之幅幅看作科学上的进步，更应该从它对整个国家科学事业的深远影响以及对国家战略的重要性方面来看待。EarthScope 既是国家的，也是社会的，更是大众的。

1.1.3　加拿大岩石圈探测计划

加拿大的陆地约占地球陆壳的十分之一，它包含了各种地质构造单元，既有北美西北部世界上最古老的岩石，也有温哥华岛西部和美国西北部最年轻的岩石，这些不但造就了其矿产工业在世界上居领先地位，还提供了研究当前大陆结构和过去演化历史线索的基础。

加拿大的岩石圈探测计划（Lithoprobe）始于 1984 年，完全确定下来是在 1987 年。由加拿大地质调查局、自然科学和工程研究理事会，以及私人企业共同出资援助，加拿大大学 29 个系、能源矿产资源部、工业界和省政府所属的大约 100 多名科学家制定详细的计划。这个计划促进了地质学家、地球化学家、地球物理学家之间的科学合作，这在加拿大是史无前例的。该探测计划研究 8 个横断面或研究区，空间上横跨了温哥

华到纽芬兰，覆盖整个加拿大。时间上延续了 40 亿年前至今的地质发展
的漫长历史。岩石圈探测计划的根本宗旨是加深对北美大陆演化的认知，
回答与该区域有关的大陆岩石圈的性质、构造和演化的一些基本问题。该
计划的所选横断面包括不列颠哥伦比亚省的科迪勒拉南剖面、安大略省的
卡普斯卡辛构造带、纽芬兰省岩石圈探测计划东部剖面、魁北克和安大略
省的阿比蒂比—格伦维尔剖面、北萨斯喀彻湿省和马尼托巴省的哈迪逊造
山带、阿尔伯塔基底剖面、拉布拉多东部的东加拿大地盾陆上—近海部分、
登普斯特公路大剖面、威利斯顿盆地剖面。岩石圈探测计划也特别注重
对矿业开发的探测，可以为投资者提供更加丰富、更加可靠的成矿信息，
这样很多矿业公司直接参与投资或增加投资，使加拿大矿业大国的世界
地位经久不衰。

项目自开展以来，已经取得了很多丰硕的成果。出版了很多著作，
综合了众多研究成果，项目组总结出了加拿大本土大陆演化及发展的不同
以往的崭新观点，为矿产的开发战略提供了新的基础。在通过对所有断面
探测进行总结的基础上，进一步总结了大陆尺度构造作用的特征和机制，
及其在全球推广的应用意义。项目执行过程中，在地震反射技术的帮助下，
收获了很多的发现和进展，如获得了结晶岩石的高质量图像，并在以下
几个方面也有收获。

1.1.3.1　矿集区探测

以往，众多相关领域的科学家认为，地震技术不适合在矿床和矿区
中应用，但是岩石圈计划的成功实施直接给予了这些质疑以有力的一击，
它证实了地震技术方法的价值。因此，省政府地调局和众多私人公司愿
意提供资金支持来增加相关区域的研究，同时进行高分辨率的测量，而
且很多公司乐意承包自身感兴趣的部分区域来进行数据采集。技术已经

成功应用于巴肯斯，马塔加米和莱斯矿等地。根据矿业公司所提出的意见。岩石圈计划的第四阶段就在四个断面与工业界和地方地调局展开了合作。

1.1.3.2 探测壳下岩石圈

地球科学目前争议的题目中，地壳下岩石圈的性质便是其中之一。岩石圈探测计划的活动也适度扩展到了这个领域，使其成为该计划的组成部分。在探讨这个问题时，项目组采用了诸如深部岩石圈—软流圈折射探测、地震的远震监测、长周期大地电磁策略等新的地球物理技术。在选定位置的壳下岩石圈采集样品，用来进行矿物学、地球化学和其他地质地球物理研究。在萨斯喀彻温省，艾伯塔和西北地区的北科迪勒拉断面，项目科学家争取从金刚石公司得到经费上或材料上的支持，实际上在初期研究如萨斯喀彻温远震地震记录中，工业界就提供了资金。这些也足以说明岩石圈探测具有科学上和经济上的双重意义，两者互补，共同发展。

图 2-2　科迪勒拉山

1.1.3.3　岩石圈变形机制

在加拿大和其他地方，已经有很多构造背景下的地壳地震反射剖面可以利用，在岩石圈探测计划中，将所得到的地震结果和其他地质、地球物理数据结合，来获得全面的、综合的解释，从而增强认识的科学性。但这些解释通常并不涉及关于岩石圈实际变形方式的物理上的理解，也不涵盖从定量角度来验证变形模型的正确性。不过，随着计算和数据模型的不断发展，现有的工具可以用来预测地壳的变形。

》1.2　欧洲深部探测计划

1.2.1　欧洲地球探测计划

欧洲地球探测计划，英文简称是 EUROPROBE。它是由欧洲科学基金会在 20 世纪 80 年代发起的、30 多个欧洲国家的上千名地质科学家共同参与合作的新一代的欧洲探测计划项目。欧洲地球探测计划旨在对地壳和地幔的构造演化，以及控制整个演化的动力过程进行深入了解。计划中主要从事研究活动的子项目有 9 个，每个子项目都配备专业的研究管理团队，这些团队综合运用地质学、地球化学、地球物理学等相关地学学科领域知识，主要对地球表层和深层的关系以及形成欧洲大陆岩石圈主要特征的过程进行深入的了解和科学的解释。20世纪 80 年代至 21 世纪初的近 20 年间是计划实施的黄金时期，期间取得的成果不计其数。

欧洲大陆的区域面积尽管相对较小，但地质条件却十分复杂多样，东部从乌拉尔山脉延伸，一直到西部的伊比利亚半岛，南部从地中海开始一直到北极。以欧洲东部为例，东欧的大部分区域属于古老寒冷的东欧克拉通稳定地块，少部分被残缺的显生宙和新元古代裂谷以及继承性的地台覆盖。从太古宙至今形成的造山带构成了欧洲大陆岩石圈的主体，而克拉通内部裂谷也成为其重要的地质特征。而处于克拉通东侧的古生代乌拉尔缝合带，将晚新元古代形成的造山带和克拉通突然截断，形成了与亚洲的天然分界线。不得不说，这是大自然"巧夺天工"的产物，更是地球地质演化的结果。因此，欧洲大陆岩石圈的演化过程以及独特的地质特征为欧洲地球探测计划的实施提供了十分理想的野外实验室，能够帮助欧洲地质科学家们去探索和发现隐藏在地球深部的秘密。无论是从元古宙到太古宙时期地球构造和构造继承重要性的认识，还是前寒武纪至今板块运动规律的探寻，甚至是基底结构构造对于后来盆地演化和资源分布影响的了解，欧洲大陆的地壳和岩石圈结构都为科学家们提供了非常重要的地质研究范本和地质发展历史证据。

计划开展多年以来，在欧洲多国科学家的通力合作下，结合地质学、地球化学和地球物理学的理论和长期实践经验，运用诸如多道近垂直反射剖面技术等相关领域的先进技术和装备，科学家们对形成大陆岩石圈结构的动力学成因有了深入的了解。这些研究取得了相当多的成果，也推动了欧洲地壳地幔构造研究和地球深部探测研究的进程，使欧洲在地球深探领域的研究一直保持着世界顶尖水平。

1.2.2 德国大陆反射地震计划

德国大陆反射地震计划（DEKORP）是联邦德国追随美国的大陆反射地震探测计划（COCORP），于1984年由联邦政府科技部资助发起的一项地探计划，为后来德国的深部探测规划的实施开辟了道路。欧洲中部地区的中央山脉北缘与多瑙河之间有着天然的宽达450公里的地壳细结构和华力西造山带，这种地质条件为计划提供了良好的研究素材，德国大陆反射地震计划也正是通过对此地区进行物理探测，接收、处理和解释接受到的相关地球物理数据，从而深入地了解欧洲中部的地质结构。

德国的大陆反射地震计划在当时取得了相当巨大的成果。一方面，它揭示了下地壳的"鳄鱼嘴"构造和岩石圈不同尺度的各向异性，确定了莫荷界面的位置。其中，两条深部地震反射剖面穿过莱茵地堑，使裂谷盆地的不对称性能够到达地壳基底得以证明；而横穿二叠纪—新生代德国东北盆地的反射—折射联合剖面，揭示了陆内盆地的演化过程，为岩浆初始阶段和下地壳减薄提供了有力的证据，同时也说明了先存构造对于挤压变形和板内裂谷具有相当大的影响。另一方面，它揭示了华力西造山运动以及其导致的中欧地区构造运动的原因和机制，特别是对地壳深部的动力学过程有了深入的了解。

需要提到的是，一方面，德国大陆反射地震计划参与了德国国内的一系列科研活动，为后来德国地壳结构的探测以及陆地科学钻探的选址奠定了研究基础，积累了实践经验；另一方面，计划也参与了诸如南美安第斯造山带、东欧乌拉尔造山带和中南欧阿尔卑斯碰撞造山带等一系列重大的全球深部探测科研行动，为国际深部探测的研究作出了巨大贡献。

1.2.3 英国反射地震计划

为顺应地下探测的国际地学研究趋势，1981年，作为世界大国之一的英国也积极地实施了自己的反射地震计划（BIRPS）。英国政府集结了当时国内相关领域的科学家和学者，并对他们提供资助，使计划得以顺利开展，并最终在国内和国际深部探测领域取得了相当丰硕的成果。

英国的反射地震计划的探测范围覆盖了整个英伦三岛及其大陆架，完成了长达20000千米的深地震剖面，为北海油田的发现和开采作出了巨大贡献。在国际上，对墨西哥尤卡坦半岛上的希克苏鲁伯巨型陨石构造的深部探测，是计划最让国际学界称道的成果。希克苏鲁伯陨石坑直径达 170~300 千米，源于白垩纪与第三纪界限时代发生的陨石撞击事件，导致大量地球物种的灭亡。计划项目组利用已有的 33 台海底 OBS 地震仪和 99 台陆地地震台站对空气枪产生的地震波走时进行了精确的记录，根据这种速度上的异常准确绘出撞击所产生的陨石坑的边界和形态，从而掌握坑内地壳中火山的变化情况。接着通过多种地震探测实验，完成了长达 639 千米的高分辨地震剖面，从而揭示了65Ma 前的天体事件所留下的踪迹。英国反射地震计划的科研人员通过对希克苏鲁伯陨石坑构造的精确探测与研究，改变了过去科学界对于撞击构造规模的固有认识，证实了其规模能够与诸如月球、火星和木星等一些天体的陨石构造相对比，从而推动了国际空间科学和环境科学的进步。另外，在高应力环境下的撞击使一些岩石物质被溅射到地球大气层，在地球大气层与表层之间存在生物之间复杂的相互作用，而对于这些岩石物质量的计算，对于揭示那些相互作用的特征有很大帮助。

1.2.4　意大利地壳探测计划

20 世纪 80 年代，欧洲许多国家纷纷自主开展相关的地球深部探测计划，而作为欧洲大国的意大利也不甘落后。在政府的支持以及其国家研究委员会的资助下，意大利的深部地壳反射计划 (CROP) 逐步展开。CROP 是意大利深部地壳反射计划的英文简称，其旨在采用先进并流行的深地震反射技术对意大利本国主要造山带的地壳结构及动力学演化的过程进行重点研究。研究的具体内容主要包括：评估已获得的地质、地球物理数据；研究数据处理的新方法和流程；确定反射地震剖面并对采集参数进行优化；对地震剖面的综合构造地质进行解释。意大利的深部地壳反射计划最终完成了近 10000 千米的反射地震剖面，构建起的地震剖面网实现了对意大利半岛及其周边海域的全覆盖。

计划分两个阶段进行，第一阶段：1985—1988 年，计划的科研组积极地与周边国家相关领域进行合作，在阿尔卑斯地区进行了长期深地壳反射剖面的数据采集与研究。在西阿尔卑斯和西地中海、中阿尔卑斯以及东阿尔卑斯地区，意大利的深地壳反射计划科研组分别与法国的 ECORS 计划科研组、瑞士的 NRP20 计划科研组，以及与德国、奥地利深探项目科研组开展了跨国的强强交流与合作，取得了相当大的成果。第二阶段：1989—1997 年，计划进行了内部的调整。一方面，资助部门由原来的国家研究委员会扩展到国家油气公司和国家电力公司，这不仅意味着计划有了稳定的资金投入，更在很大程度上保障了计划的持续开展；另一方面，成立了由指导委员会、科学委员会、数据采集与处理和子项目组构成的计划组织管理机构。尤其是将计划分为了 6 个子计划，分别为 CROP03、CROP04、CROP11、CROP18、CROP-MARE1 和 CROP-MARE2、TRANSALP。其中，CROP03、CROP04 和 CROP11 三个子计划分别研究阿平宁造山带的北部、南部和中部地壳结构，并且分别实施了长达 220 千米、154 千米和 260 千米的反射地震探测剖面；而作为 CROP03 的一个补充计划，CROP18 子计划与 CROP03 子计划关系十分紧密，其呈南北走向的反射地震剖面处于 CROP03 相应剖面的西部；CROP-MARE1 和 CROP-MARE2 专门为地中海探测而设立，大致分两期进行：第一期在 Tyrrhenian、Ligurian 和 Ionian 海共完成了 3400 千米的反射地震剖面；第二期在 Ionian、Tyrrhenian、Sardinia 海峡和 Adriatic 海共完成了 5000 千米的反射地震剖面；TRANSALP 是一项专门研究阿尔卑斯的子计划，它的 2 条长剖面和 6 条短剖面都穿过了阿尔卑斯，从而实现了对阿尔卑斯造山带由东到西全覆盖。

CROP 计划取得一系列重大的科学发现，许多成果在国际地球科学领域都具有划时代的意义。其中著名的成果有：与法国 ECORS 科研组和瑞士 NRP20 科研组共同合作，使地球科学界首次获取到了阿平宁造山带和阿尔卑斯造山带下的精细结构，为地球科学的发展做出了巨大贡献；首次发现地幔残片出现在了西阿尔卑斯地震剖面的地壳不同深度，这客观上为论证地幔参与造山过程提供了有力的证据；通过检测到的地壳不连续界面向西收敛的现象，证实了欧洲板块处于 Insubric 板块之下；证明了变质轴心带的形成源于碰撞前的地质事件，现在它的地理位置是发生迁移后的产物，在此之前，地质事件与造山变形的过程对其进行了巨大的改造；首次证实了地中海的西部不存在洋中脊和扩张中心，从而推翻了之前提出的动力学模型。这种模型认为西地中海属于弧后小洋盆，并且认为这种盆地是地壳在伸展环境下发生拆离的过程形成的；通过对地中海地震剖面的观察，发现了 Ionian 海存在古洋壳以及 Tyrrhenian 海可能存在新洋壳。

总之，CROP 计划的重大发现进一步打开了地球科学的神秘大门，为人类破除了误解，增加了新的科学认识，提高了人类的眼界和知识水平，促进了大陆动力学的建立与发展。这些都在客观上为地球科学的长远发展铺平了道路。

1.2.5　瑞士地壳探测计划（NRP20）

阿尔卑斯山是世界著名的山脉之一，地处欧洲中南部。瑞士地壳探测计划就是针对阿尔卑斯山开展的。该计划由瑞士国际科学基金会进行资助，隶属其第 20 个国际研究项目。研究方法主要是运用地质和地球物理结合的方法，针对阿尔卑斯山的深部结构进行探测。项目的探测网从纵横两个角度覆盖了前陆、后陆和造山带。对探测数据的采集主要是从 1986 年开始，直至 1993 年结束。瑞士大学和境内企业 50 多名专家、学者对数据进行了后续的处理和解释。研究人员发现岩石圈—软流圈的相位速度，可以合理解释阿尔卑斯山的构造演化。

图 2-3　阿尔卑斯山

一个温度相对较冷的山根快速插入 20 千米以下的下地幔，结果导致了大陆的碰撞。高密度球状"山根"导致阿尔卑斯山中部快速隆起及波河盆地下沉的大陆动力学模型。震源机制的左行位移与亚得里亚海微板块在大陆碰撞的最后一个阶段逆时针方向旋转一致。加上欧洲各国联合开展的欧洲探测计划，横过阿尔卑斯造山带完成的若干条深地震反射剖面，揭示了欧洲大陆与非洲大陆碰撞带的精细结构，为发展碰撞造山理论、薄皮构造理论奠定了基础。

1.2.6 俄罗斯深部探测计划

如果提到世界上最早开展深部探测的国家，俄罗斯一定不会被人们遗忘，其前身苏联的科拉超深钻深达 12262 米，自二十世纪八九十年代起，"12261"牢牢占据着世界最深钻孔之位。直至 2008 年被卡塔尔的阿肖辛油井的 12289 米和 2011 年俄罗斯库页岛的 Odoptu Op-11 油井的 12345 米分别打破，但现在仍排名世界第三。科拉超深钻改变了地球物理探测的许多传统观点，如否定了地壳内硅铝和硅镁的分界面，在 10 千米深处，发现了流体和矿化作用。

俄罗斯的主要技术是以折射地震技术和大地电磁技术为主，并且，是在骨干剖面的交叉点上部署科学钻探，这在国际上是非常超前的。与世界其他国家相比，俄罗斯的特定就是它的测线绝大部分都是几千千米的长剖面。

图 2-4 科拉半岛

1990 年俄罗斯开始执行区域岩石圈—地球物理与地球动力学模拟

计划，该项计划需要研究跨区域岩石圈地质—地球物理断面网，换句话说，这个区域在地壳形成和演化的过程中，可能因不同时期构造的复合作用，形成了金属成矿带。对这种区域进行研究，有利于了解岩浆活动、区内构造和深部地壳结构特征。因此，俄罗斯在这个计划框架内，就开展了一系列与成矿预测和地质调查有关的系统研究，如岩石圈深部构造研究，典型古老板块结构研究和显生宙褶皱研究。通过这些研究、俄罗斯的科学家们得到了大量的矿产资源参数和数据，这些可以用来建立成矿预测分析的数据库，为今后对地球物理剖面进行地质解释提供了巨大的帮助。

除了自身的探索之外，1995 年，俄罗斯还同德国、美国合作，共同出资实施俄罗斯乌拉尔造山带的反射地震探测计划。乌拉尔山脉是欧洲和亚洲的分界山脉，它北起北冰洋的拜达拉茨湾，南可延至哈萨克草原，跨度绵延 2000 多公里。在俄罗斯境内呈南北走向，位于俄罗斯中部，和其他大型古生代造山带相比，乌拉尔造山带仍然是一个古生代大陆碰撞的完整事例，被誉为研究大陆演化过程的"唯一"存在的完整标本。在这个探测计划时期中，一共实施了 3 条跨海剖面、5 条大陆长剖面，所有的这些截面都显示乌拉尔山轴下存在一个非常明显的地根。这个计划主要包括三个部分的研究，第一，是一个 465 千米的近垂直入射、振动源反射调查；第二，相重合的近垂直入射爆炸源方法的研究；第三，一个 340 千米长的爆炸源折射调查。这些调查研究表明，乌拉尔山是原封不动的岩石圈结构。其与现有的演化模型不符，可能是由于未完成的、中断的碰撞过程导致了最大陆块的保存。这极大地丰富了山根动力学理论。

图 2-5　乌拉尔山

》1.3　澳大利亚地球探测计划

澳大利亚，四面环海，是当今世界上唯一拥有一块完整大陆的国家。其矿产资源、石油、天然气都很丰富。例如，澳大利亚的铝土矿储量居世界第一。鉴于别国开展的地球动力学计划，本身矿产资源丰富的澳大利亚也不会甘落人后。

1.3.1　四维地球动力学计划（AGCRC）

四维地球动力学计划实际上是应用数字模拟技术来对矿床形成的地球动力学过程进行模拟，这种技术被称为地球动力学模拟。它可以模拟岩石变形、流体和热事件等单一地质过程，同时也可将变形、流体、热、成矿四过程进行结合模拟，从而把模拟的结果和成矿系统分析，以及找矿预测进行联系。四维地球动力学计划的目的在于，将模拟得到的数据，进行综合分析，从而理解和控制与成矿系统有关的各种物理方面和化学方面的参数。该计划有以下目标：

第一，将世界级矿床的形成同地球动力学过程建立联系，便于增强对 4D 地球动力学模型的理解。研究形成巨型、高品位矿产的地球动力学要素，例如矿床的构造背景、矿源、路径和沉淀的环境。

第二，意图构建核心成矿区带的地球动力学综合演化过程，为 4D 地球动力学模型的建立提供区带尺度资料上的帮助。与此同时，研究成矿区带和非成矿区带二者之间的地球动力学演化差异。

第三，若想从板块尺度出发，提供相关资料来建立 4D 地球动力学模型，就必须理解澳大利亚和各省大陆板块构造，及地球动力学背景。从一个更为宏观的角度来理解大陆结构，从而进一步研究块体、活动带及盆地拼合在一起的方式，及关注后期地质事件的影响力。

第四，若想从概念上理解地球内部岩石行为和非线性地球动力学过程，则需使用计算机来模拟岩石运动学、动力学行为和物理化学过程。因此，应构建相关地质的各种地球动力学模型。

第五，对地质数据、地球物理和地球动力学过程可视化等综合技术进行开发，还有进行数据处理和 3D、4D 模拟工具的开发。

第六，项目组同政府及其他研究机构建立良好合作关系，促进知识、技术、技能的转化，为澳大利亚矿产资源和能源勘探工业界提供勘查新战略。例如，在西澳孟席斯和诺曼矿集区，项目组运用高分辨率地震反射和重力三维反演技术描绘了该区的三维立体结构，发现了主要断裂带和花岗岩体的分布情况，认为花岗岩内薄厚度可以成为潜在的金矿成矿区，因此，为金镍矿的勘探指明了方向。

第七，除了上述六个目标之外，四维地球动力学计划还需提供岩石单元的空间分布，例如，绿岩带中主要断裂带和花岗岩体的分布，与此同时，还需指出金镍勘探的靶区。

1.3.2　玻璃地球计划（GlassEarth）

该计划是新千年由联邦科学与工业研究院勘探与开发部提出的，是一项澳大利亚的国家级创新计划。该计划的目标是非常明确的，即旨在使澳大利亚地表下 1 千米及其地质过程变得像玻璃一样透明，从而增强发现澳大利亚新的巨型矿床的能力。借着该计划的"东风"，创建了全国性的地球科学家联盟，该联盟以联邦科学与工业研究组织和澳大利亚地学局为核心伙伴。他们绘制了一个饱含丰富信息的澳大利亚四维"地图"，从而运用广泛的和高度可视化的网络服务接口来对信息进行传播。这样的接口会依据不同相关者如社区人员、专家、政策制定者等利益的需要，来获取相关知识、信息和数据。这个计划的成功执行离不开联邦和州机构的支持，这种 支持提供相关数据和知识。

玻璃地球计划实施的项目内容范围较广，包括：下一代探测技术；空间数据信息管理；集成和解释的地理信息技术；区域矿产的概念模型和预测地形模型。技术重点包含了众多方面，包括张力梯度的地磁测量、重力梯度测量、航空化学填图，等等。玻璃地球计划投资建立了两个合作研究中心：矿产发现预测合作研究中心和景观环境与矿产勘探合作研究中心，两个中心都与澳地球系统模拟计算中心建立了联系。技术开发是玻璃地球计划的基础，技术的融合是关键，而信息技术是核心。玻璃地球计划在特定的地区为政府和工业界开展综合应用研发。不过，可惜的是，由于种种原因，该计划于 2003 年终止。

1.3.3　大陆结构与演化战略研究计划（AuScope）

虽然玻璃地球计划因为种种原因终止了，但澳大利亚地球探测的初心却从未真正停止。玻璃地球计划终止的三年之后，即 2006 年，澳大利亚这个"坐在矿车上的国家"又实施了一项新的地球探测计划——"大陆结构与演化"战略研究计划，它是澳大利亚的战略投资项目。该计划的目标是在全球尺度框架下，跨越时空，由表及里（从表层到深处），以国际水平的视角来建立澳洲大陆的结构和演化的研究构架，从而更好、更有效地了解这些结构对澳洲自然资源、环境的影响，还有对灾害发生的解释。计划背后蕴含的意义是致力于澳大利亚未来的繁荣和安全。

大陆结构与演化战略研究主要包括四个关键的内容：

第一，关于地震与非地震的地球物理成像，该计划可提供地震物理结构和进程方面的相关细节信息。

第二，地球化学分析。若想有效理解澳大利亚地球演化过程，这里就不能不提地球化学在其中所扮演的关键角色。这个计划就可以提供岩石矿物的化学成分和年龄信息。

第三，地球物理建模。地球物理建模可以提供从显微水平渐进到全球尺度的地球演化，从而进一步推动对数据的解释。科学家们已经认识到，研究不能仅在问题的边缘部分徘徊，需考虑解决整体性的问题。因为，从这个角度来看，整体性的问题意味着全球气候系统和自然灾害，以及它们所带来的影响很有可能在未来会主导澳大利亚的发展远景。故澳洲学者强调要迫切解决的三方面的问题：首先，灾害的预测和缓解；其次，关于进一步的挖掘和探测的地球动力学；最后，探索最广义的地球动力学。

第四，建立全国地理空间的参考系统。基于现有的数据和未来可能获得更多的数据，需升级全国范围内的地理空间参考系统，提高参考结构的精确度。这样可以用于支持大地测量、地震灾害的研究，以及地球动力学的研究，与此同时，为应用空间科学的广大领域的进展提供基础，进而利用地理空间的基础结构来进行科学研究。地理空间研究有其他方法不可替代的能力，那就是它可以直接测量大陆应变速率场。得到的信息可以提供一些关键性的数据，来改进现有的数字建模，从而用来评定澳大利亚的潜在灾害风险，并且还可以把对澳大利亚各大陆体间界限的地震影像研究和地球化学研究结合起来。鉴于在大地测量学基础结构上的不菲投入，澳大利亚对地理空间信息需求的反应能力也在不断提高，至此，它在国际大地测量学的研究中将发挥引领作用，在国际地理空间的研究上也将走向国际的前沿。

长期以来，澳洲大陆地质结构居于稳定，没有强烈的地质运动，加之地层古老，更有利于矿物的长期积聚和富集。因此，澳大利亚矿产资源丰富。当前矿产资源勘查项目的成败与否，可能直接影响整个国家经济发展的可持续性。换句话说，鉴于目前人类活动导致资源的日益贫化，进行地球勘探类项目也是为了确保寻找新型的可替代性资源，以缓解目前及未来可能出现的资源压力。

科学家认识到，尽管澳大利亚相对于地理位置上的邻国，免于遭受一些瞬间发生的灾难性事件。但仍然需要努力把人们在自然灾害中的暴露损失降到最低。现在开始着手进行一些相关工作，有利于对澳洲大陆地壳更深层次的认识——过去、现在、将来，从而尽可能地减轻对各种自然灾害对澳大利亚的破坏性。

2 中国地球探测计划历程

》2.1 中国大陆科学钻探（CCSD）

1992年，国内地质界、地球物理界、钻探与测井技术界的专家教授在中国地质科学院齐聚一堂，共同研讨中国大陆科学钻探工程，这次研讨会不但具有开拓性，更拥有着划时代的意义。科学钻探是地球科学发展到今日的必然，既是历史的必然，也是时代的必然。与会专家根据自己的专业领域，结合中国基础地质、矿产和能源等相关情况，从不同角度论证了大陆科学钻探的可行性和必要性，初步提出了大陆科学钻探战略选区，为今后进一步的择优筛选做好铺垫，除此之外，对未来钻探计划的实施和国内外合作等相关议题也给予了很多宝贵的、富有建设性的意见和建议。这次研讨会拉开了中国大陆科学钻探的先行研究序幕，极大地推进了我国地球科学向纵深发展，推动我国地球物理、钻探、测井技术向着国际高新水平发展。

1997 年 6 月，前辈们多年的努力终于有了回音，中国大陆科学钻探工程得到了国家的高度重视，经国家科技领导小组批准，被列为"九五"计划国家重大科学工程项目。同年 9 月，国家计委批准了项目建议书，由国土资源部负责牵头组织，地质调查局具体实施，项目总投资达到 1.76 亿元，其中，国家安排投资 1.3 亿元。至此，中国大陆科学钻探工程的大幕正式拉开。它是继前苏联和德国之后第三个国家部署超过 5000 米的科学钻探工程，在亚洲地区处于领先位置。项目建成了亚洲第一个用于长期观测深部地质的实验基地、亚洲第一个大陆科学钻探和地球物理遥测数据信息库，亚洲第一个研究地幔物质的标本岩心馆和相关配套实验室。项目于 2001 年 4 月 18 日在江苏省东海县安峰镇毛北村开钻动工。

2004 年 9 月，国务院启动了找矿专项，主要思路就是以"就矿找矿"为主，在原有矿山开采深度基础上，将勘探开采的深度进一步延伸。此专项到 2008 年，已经探明了多种金属矿产和大量的煤炭，总价值已超过 1 万亿元。这项行动为中国未来的资源勘探带来了新的曙光。

2009 年 11 月，时任国家总理温家宝在人民大会堂向首都科技界代表发表讲话，在这次题为《让科技引领中国可持续发展》的讲话中，他提到中国在地球深部资源探测方面的不足。中国人均资源短缺，资源勘探水平不高，开发利用率低，这些都会制约未来的经济发展。

如今，这些方面的问题已经进入国家领导人及国内相关专家的视野。2009 年 6 月中科院发布了《创新 2050：科学技术与中国的未来》系列报告，描绘了我国面向 2050 年的科技发展路线图。其中，报告提出开展"中国地下 4000 米透明计划"，预计 2040 年，使我国主要相关区域地下 4000 米以内变得"透明"，目的主要在于为寻找深部矿产资源提供基础数据信息。

千里之行，始于足下，地探之路仍需分阶段、分步骤逐渐实施，国家相关部门已经开始运作这项计划。先期旨在提高地球深部认知能力的培育性项目"深部探测技术与实验专项"就此应运而生。

》2.2 深部探测技术与实验专项（SinoProbe）

深探专项由国土资源部牵头组织实施，中国地质科学院等相关单位承担，目的是为全面开展我国地壳探测工程做好关键技术准备，解决关键探测技术难点与核心技术集成，形成对固体地球层圈的立体探测技术体系，在不同的自然景观、复杂矿集区、地质灾害区等关键地区进行实验，形成若干深探实验基地，实现深探数据共享，培养相关专业人才等。深探计划共设 9 个项目：大陆电磁参数标准网实验研究；深部探测技术实验与集成；深部矿产资源立体探测及实验研究；地壳全元素探测技术与实验示范；大陆科学钻探选址与钻探实验；地应力测量与监测技术实验研究；岩石圈三维结构与动力学数值模拟；深部探测综合集成与数据管理；深部探测关键仪器装备研制与实验。深探专项核心任务背后的严峻现实是，长期以来，我国地球深部探测实验所用装备、仪器，以及软件研发能力十分薄弱，所使用的高端产品几乎完全依赖于进口，自主创新能力的提升受到严重的制约。

尽管中国深探专项开展时间晚于欧美国家近 30 年，但是随着地探技术的不断更新和发展，站在新的技术发展台阶上的深部探测专项具有明显的后发优势。经过科学家们的艰苦努力和探索，我国深部探测关键技术和仪器设备研制取得重大进展，全面提升了我国探测和超深钻探技术，从更深层次推动着我国从地质大国向地质强国转变。

综上所述，国际上相继实施的这些地球探测计划，极大地深化了我们对地球的认知，并且在深部矿产资源定位和隐伏矿产的发现上做出了重大的贡献，与此同时，促进了大量新式的地质构造理论的诞生，进一步推动了国际地球科学的发展。地球探测计划是时代发展的迫切要求，是未来地球科学研究的方向。我们相信，对地球内部了解得越发深入，那么开发内部矿产资源的能力就会越强，防御地质灾害的能力也会相应有所提升。

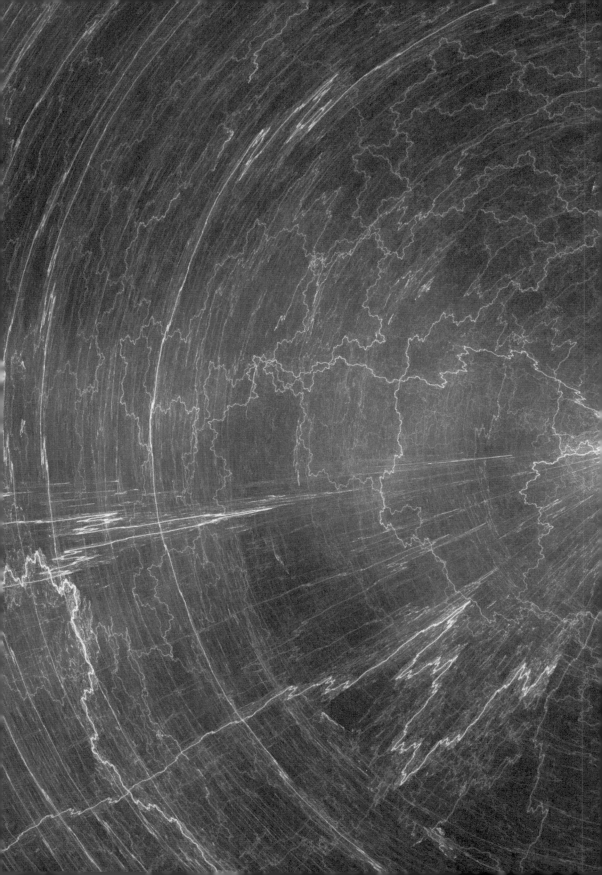

第三章

向地心进军

1　移动平台综合地球物理数据处理与集成系统

》1.1　资源的重要性

勘测地球内部结构、解析矿脉分布，能够为国家储备战略资源提供可靠的依据。人类文明发展的历史几乎就是一部资源争夺的历史。从刀耕火种的原始文明开始，人类便离不开大自然的各种资源，面对大自然丰富的物产资源，人类一方面通过提升自身生产技能以求更好地利用这些资源，另一方面人类社会对各种资源的依赖程度也随着生产力的发展，越来越深入，越来越持久。原始社会的人们生产力有限，主要依赖自然界易于获取的季节性资源为主；而在中国，自农业文明发展起来以后，人们对中原地区广袤而肥沃的土地有着强烈的向往，这成为了农耕文明的重要特征，纵观中国的古代史，"入主中原"和"逐鹿中原"历来是成就天下霸业的基本途径。

工业时代的人们对自然资源的依赖性从地球表层向深部延伸，在蒸汽机轰鸣的时代，煤炭与贵重金属，成为了人类社会发展的重要资源。以新航路的开辟为起点，欧洲的船队跨洋过海完成了15—17世纪的地理大发现，而这些漂洋过海的舰队最重要的任务，便是从大洋彼岸将埋藏在地底的黄金运回欧洲，大量的黄金涌入欧洲，揭开了欧洲区域性崛起的近代史篇章。黄金是驱使这一切的最直接因素；黄金是白人刚踏上一个新发现的海岸时所要的第一件东西。300年间，西班牙殖民者从拉丁美洲掠夺黄金250万公斤，白银1亿公斤；18世纪，葡萄牙殖民者从巴西掠夺走价值约10亿美元的黄金、白银和金刚石；英国在1757—1815年侵占印度的58年中，从印度掠走10亿英镑的金、银、珠宝等财富。17世纪中叶，英国资产阶级革命取得胜利；18世纪中叶，英国产业革命兴起，欧洲几个主要国家也逐渐变为工业国，欧洲殖民国家对外掠夺的主要对象，由产业革命前的贵金属（黄金和白银），转变为抢夺矿物原料为主要内容，殖民帝国在掠夺世界领土和资源方面展开了竞赛，殖民帝国对殖民地国家的战争以及为争夺殖民地彼此之间的战争，以暴力方式对全球资源进行瓜分。

到20世纪初期，世界领土已被老牌帝国主义国家瓜分完毕，地球上几乎不再有"无主之地"，西方大国无论谁想再迈出一步，就会踏上别人的势力范围，后起的帝国主义要向外扩张领土，掠夺资源，就必须重新瓜分世界，大国之间重新分配势力范围，只有通过战争来解决，于是策动了两次惨绝人寰的世界大战，导致全球1亿多人口的死亡。两次大战，虽有其政治和战略目标，但抢夺矿产资源是重要目标之一。德国鲁尔煤炭工业区是德国主要的煤炭资源来源地区，煤炭地质储量为2190亿吨，占全国总储量的3/4，其中经济可采储量约220亿吨，占第一次世界大战后德国全国的90%。第一次世界大战后的德国受到《凡尔赛和约》的限制，且无力于战争赔款，法国与比利时于1923年1月11日结成法比联军，开进德国鲁尔区实施军事占领，并利用其丰富的资源作为战争赔款，导致德国出现了空前的通货膨胀，经济陷于崩溃，后虽经国际调解法比撤军，但此举严重地激怒了德国人，愤怒的德国民众对当时的魏玛政府失去信心，最终导致纳粹党的上台从而走上了法西斯的道路。不难看出，矿产资源对国家安全的重要性，作为一个隐性的条件一直发挥着重要的作用。

时光荏苒，今天的人类社会已经进入数字化时代，高新技术产业对于资源的开发利用提出了新的要求，种类繁多的稀有矿产资源成为了国家兴旺与社会发展的重要基础，而这些稀有的矿产资源究竟在哪里，有多少数量，又应该如何开采，获取这些信息，成为了国家安全与社会发展的重

要保障。而要收集这些信息并将它们汇总在一起，是一项巨大而烦琐的工程，也就是说，在后数字化时代的今天，大数据的发展趋势已经成为必然，只有高瞻远瞩地看到未来人类社会发展的前景和趋势，才能从起步阶段便做好准备，才能在技术发展的同时，实现管理与技术的同步。进入 21 世纪以来，地质工作的领域和工作内容也发生了变化，虽然当今社会的生产力较之以往已经有了巨大的发展，资源的开发利用效率处在前所未有的高水平阶段，但人类社会的进步使社会对生产力的发展提出了新的要求；不仅要求社会高速发展所需要的资源要得以保障，而且需要在环境保护和自然灾害预防以及城市建设等领域提供技术支持。

》1.2 各国在资源勘测方面的不懈努力

在 20 世纪 70—80 年代，作为美国深部探测计划的前奏，美国 COCORP 计划运用多道地震反射剖面系统探测大陆岩石圈结构，完成约为 60000 千米的反射地震剖面，首次揭示出北美地壳精细结构，确定了阿帕拉契亚造山带大规模推覆构造。2001 年，美国国家科学基金会、美国地质调查局和美国国家航空航天局联合发起了一项新的开创性地学计划——"地球探测"计划，又译作"地球透镜"计划。该计划是一套分布式、多用途仪器和观测台网的组合，该项目加深了对北美大陆架构、演化和动力学特征的理解，通过探索北美大陆的三维构造，大大提高了对北美大陆的实际了解。

除此以外，德国的 DECROP 计划、英国的 BRIPS 计划、意大利的 CROP 计划和瑞士的 NRP20 计划等一系列地球深部探测计划也在同时展开，这些深部探测行为旨在运用地质学、地球化学和地球物理学相结合的方法，了解地球层面和深层的关系，解释欧洲大陆岩石圈的主要形成过程。以上这些欧美发达国家的入地计划无不是从宏观角度和顶层设计入手，将地质信息汇聚在一起，形成一个地质信息库。

》1.3　资源勘测的数字化趋势

随着地学研究的视角逐渐被拉大，各种原本在工作上有不同内容和不同目的的工作将频繁地产生交叉，如何有效地组建一个系统，成为了这些计划都面临的一个问题。在应用地球物理方法对地质条件较复杂的地区进行地学解释时，常需要综合运用多种地球物理方法进行探测，融合多种探测数据进行分析，从而达到对地下岩矿石多方位的认识，更好地发现勘探地区的地质情况。随着计算机图形学、科学计算可视化等技术的快速发展，三维可视化技术已越来越多地应用在地质与地球物理领域，并成为对地球物理数据进行地质解释的一种重要手段。对于多源地球物理数据的三维可视化技术，传统的方法是将每种数据进行分开管理与可视化，虽然也有一些商业软件可以同时显示多种数据，但很少有对多种地球物理数据一体化存储与管理的思想，尤其缺乏对多源异构地球物理数据建立空间索引机制，以提高局部范围数据可视化效率的方法。因此，在对大范围大比例尺的综合地球物理方法勘探的局部空间范围数据进行更加精细的可视化时，其执行效率往往很低，这也已经成为多源地球物理数据可视化技术的"瓶颈"，这对我国新时期的地质工作者提出了新的要求。

》1.4　我国资源勘测现状

《全国地质工作规划纲要》编制组通过大量的调研，提出了经济与社会发展对地质工作的需求除了资源保障及基础地质调查等传统地质工作外，还要求地质工作在生态环境建设、农业发展、城镇化建设以及国家重大工程等方面发挥作用。

早在新中国成立初期，我国便注重对矿产资源的勘测与探明。虽然

西方起步更早，但在我国老一辈地质科学工作者的辛勤工作下，我国的地质勘测工作也于新中国成立初期便马不停蹄地展开。

1949 年 10 月 1 日，中华人民共和国成立。1950 年，人民政府就设置了全国地质工作计划指导委员会，初步布置了若干重点地区的矿产普查、勘探。1952 年，中央地质部成立，展开了全国性的地质勘探工作。那时的地质勘探所采用的多是重点地区的野外实地勘测，需要大量的地质工作人员地毯式铺开，采用人工勘测的方式，对重点地区的地表样貌与地底浅层的地质结构进行细致勘测，最终汇聚成宏观的地质信息。虽然勘测地区是做了重点标识的，可是这种需要大量人员费时费力的劳动密集型勘测方式，给地质勘探带来了很多的不便之处。

从时代的发展角度来看，在新型信息技术普及的今天，地质勘测在现代化工具的帮助下，由原来的低效率、高消耗的手段转为高效精准的便捷手段。但问题也接踵而至，高新技术下的地质勘测，将地质信息全部由原本的经验性结论和直观的形态转变为了数字信号，要将这些数字信号重新"翻译"还原成为地质勘测结果，需要我们的地质工作人员有一定的信号解析能力，这不仅加重了工作人员的工作量，更加大了在地质勘测中所需的时间，降低了效率。而且现代的勘测手段多样化，从陆地勘测到空中勘测，再到深海勘测，种种不同的地表环境所选择的不同勘测技术所表达出的数字信号不尽相同，如何将这些"五花八门"的"方言"统一"翻译"为一种信号语言并通过统一的处理方式得出直观确切的结果，成为了新时期地质工作者要解决的新难题。而从现实层面来说，在复杂环境条件下有效实施大面积资源勘探调查，实现找矿的突破性目标，迫切需要一系列先进的科学探测技术手段形成有效的技术支撑。发展高效率、高精度（海、陆、空）快速移动平台联合探测装备技术，同时发展由此带来的海量数据综合信息处理、解释和地质建模一体化所需的大型软件平台技术，可为实现这一目标提供切实可行的技术保障。该装备技术具有在复杂环境条件下高效率作业并提交高精度探测结果的特点，在航载、船载、潜航和车载等快速移动平台探测条件下，连续观测记录重、磁、电磁等空间地球物理场数据，然后通过计算机软件平台迅速完成数据处理和解释，高效率地发现隐伏地质目标。在国内外，该技术已被广泛用于大面积能源资源快速探测评价以及军事探测工程和国防安全目的，取得了一系列重大突破，尤其是近年发展的无人机探测技术展示了更为巨大的应用潜力，成为快速提高找矿成果，直至完善国家资源分布战略格局起到了关键推动作用。

》1.5 数据处理与集成系统立项背景

在此需求背景下，2010 年 10 月，在国土资源部、科技部、教育部有关部门鼓励支持下，吉林大学成立了"吉林大学移动平台探测技术研发中心"团队，中心由国家"千人计划"特聘专家为带头人，主要由精干的年轻教师和科研人员组成，配备有可与国际一流院校相媲美的科研环境和设备。团队的研究方向是，紧密围绕国家需求和国际前沿实用技术，从基础研究入手攻关核心技术，通过软硬件结合、交叉学科融合、跨部门联合途径，研发移动平台探测集成装备：①设计和研发新一代智能化无人机搭载平台，研发、引进和集成先进的机载探测传感器和相关设备，形成机载一体化高精度和高效率联合探测系统；②针对与此相配套的海量探测数据处理和多元信息分析需求，充分利用计算机科学发展的最新技术，在大型集群机和微型机硬件设备上研发大型软件分析平台技术，面向三维地质目标实现重、磁、电、震和井中探测多方法信息融合，减小勘探风险。黄大年教授提出的综合数据处理系统最重要的功能是将多途径收集来的地质信息形成直观的地质模型。

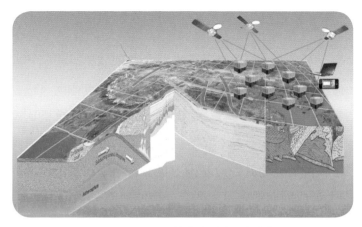

图 3-1　现代地质探测系统

在 SinoProbe-09 项目中，虽然主要的研发方向将集中在深部探测的装备研发上，但如何将这些装备统一整合起来，达到事半功倍的效果，是项目负责人黄大年教授从宏观角度最先想到的问题。建立一个软件平台，能够容纳所有设备的电子信号范围，并将所有的设备"智能化"，就像给每一个装备都安装了一个大脑一样，这成为 SinoProbe-09 的第一个项目子课题：移动平台综合地球物理数据处理与集成系统。黄大年教授开创性的提出"红军""蓝军"相结合的研发策略。

》 1.6　研发策略

从横向来看，建设一个综合数据处理与集成系统最需要做到的是该系统拥有高度的兼容性与开放性。兼容性指的是不仅在数据的受众向上具备将多种设备的数字信号纳入系统中来的能力，更要求该系统能够和其他相对成熟的同类系统实现数据兼容；开放性指的是在现有装备以及数字信号的模式下，能够在应对自如的基础上，留下同未来可能出现的新探测方式以及新近同类系统的可能性对接与兼容，这要求在开发过程中有高瞻远瞩的视野，而且不仅要求我们的开发人员拥有全球同类系统研发的广阔性视角，更要求开发人员在地学领域和计算机领域都拥有一定的前瞻性视角，合理地采用具有普遍性与开放性的先进基础开发平台。从纵向来看，建设一个综合数据处理与集成系统，最重要的目标是将多种探测方法所得数据具象化为可以直观感受的 地质结构模型，从而建立高效率的联合工作流程，减少勘探和决策风险。横向上的兼容并包需要更多地借鉴外来同类软件的经验并在此基础上进行开发，这被形象地称为"蓝军路线"；纵向上形成面向特定目标联合处理的功能是该系统的明显特色，能够经过数据处理对地质构成进行综合解释，包括地质结构中的厚层、薄层、断层、盖层、储层、裂缝、盐丘、物性、密度、磁性、电性等等进行解释，而这作为该系统的明显特色被称为"红军"路线，"红军""蓝军"两条路线，为该系统的兼容性与先进性提供了保障，并成为处理与集成系统的研发策略。

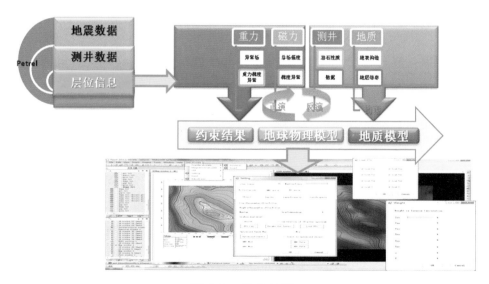

图 3-2　研发思路

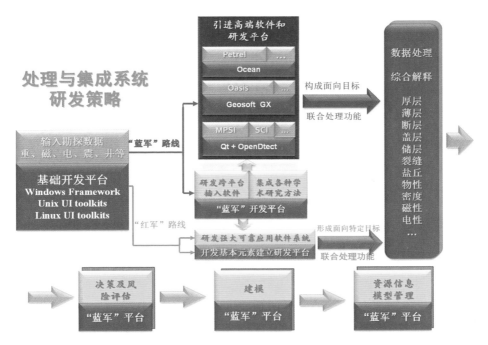

图 3-3　研发策略

》 1.7　同类数字平台经验的借鉴

在借鉴经验与补足目前其他同类平台不足的"蓝军"路线上，该系统引进 Schlumberger 公司和 Geosoft 公司高端软件工作平台，并在此基础上研发地震和非地震数据处理和综合解释软件模块。Schlumberger 公司是全球最大的油田技术服务公司，公司总部位于纽约、巴黎和海牙，在全球 140 多个国家设有分支机构。公司成立于 1927 年，现有员工 70000 多名，2006 年公司收入为 192.3 亿美元，是世界 500 强企业。 斯伦贝谢科技服务公司（SIS）属于 Schlumberger 公司油田服务部，是石油天然气行业公认的最好的软件和服务供应商，其自主研发的 Petrel 平台主要用于理解复杂地质结构。创建构造框架模型是提升地下构造面和油藏建模准确性的一部分，该系统将所有地下数据都整合到勘探开发软件平台中，如二维及三维地震数据，地质、油层物理、油藏工程、生产动态以及数据，将这些数据融合到一个地球共享的模型中去，从而可以得到地质结构的关键视角，应用一套针对评价圈闭、储层、充注，以及封闭条件的一体化流程来管理勘探风险，从盆地、远景区，以及有利区各种尺度动态更新数据来评价有可能成功发现适于商业开发的油气资源的地质条件，而且该平台具有高度的开放性，在发现并加载有关地质、地球物理、井曲线，以及石油工程数据后，还与其他研究团队成员协作、分享以及更新数据，应用自身以及其他勘探开发知识环境（其他同类软件平台）来方便管理跨公司的数据；相较于 Geosoft 公司开发的软件解决方案推进了勘探的步伐。1982 年，加拿大地球科学家 Colin Reeves 与 Ian MacLeod 发现可以应用计算机进行地球物理学与勘探研究。基于此，Geosoft 公司于 1986 年应运而生。至今，Geosoft 公司仍然致力于勘探与地球科学研究与服务，提供跨桌面、跨服务器及跨 Internet 平台的服务与技术解决方案。目前，Geosoft 公司在五大洲均设有办事处，并且拥有全球业务合作伙伴网络，为数以千计的各类企业组织提供服务，其中包括国际组织、政府、地质勘测与研究机构、教育机构以及全球最著名的石油公司与矿产勘探公司。Oasis-Montaj 是一款用于地球科学成图和数据处理的软件，该软件提供了一个用于高效输入、处理、浏览、分析和共享大量地球物理、地球化学和地质数据的可升级的整合环境。Geosoft 公司还有一款主要功能是为从基础钻探项目到开采钻探项目提供全面解决方案的基本勘探软件。除此之外，Geosoft 公司的软件有着模块化的趋势，目前也已经有一款名为 Target for ArcGIS 的模块化软件上市。Target for ArcGIS 是一个用于 ESRI 公司（位于美国加州的全球最大的地理信息系统技术提供商）ArcGIS 软件的地表和钻孔成图扩展模块，ArcGIS 是 ESRI 公司集 40 余年地理信息系统（GIS）咨询和研发经验，研究发的一套完整的 GIS 平台产品，具有强大的地图制作、空间数据管理、空间分析、空间信息整合、发布与共享的能力。该款扩展模块使在 GIS 环境中对地学空间数据所进行的编辑、成图和分析工作变得简单起来。

Schlumberger 的 Ocean 开发平台针对 Petrel 软件做二次开发，在震、井等数据基础上，增加重磁及梯度数据处理解释内容。通过地震数据、测井数据、层位信息，综合重力、磁力、测井和地质结构与地层信息，再经过正演与反演和约束结果输出地球物理模型与地质模型。当今的地学发展已经向着多领域、多手段、高精度、多目标的方向前进，对于复杂的地形与地下结构，在面对不同探测手段时有不同的设备，而在本着不同的目的进行探测时，探测工作又有不同的侧重方向，同时无论是何种探测手段，何种探测目的，对数据的精度都有很高的要求，以往图标和曲线式的表现方式过于专业化，而且在表现形式上有着非直观立体的缺点，如何将这些只有专业人士才能看懂的图标与曲线转换为直观立体的地下结构图，使其能够让平常人直观地看懂，让其他专业领域的人能够直观的根据三维立体成像图在地质信息探明后的后续工作中方便地展开工作，成为了一项新的要求。因此，地质信息的数字化和直观化，是未来地学发展的必然趋势。

建设一套地质信息系统的最终目标是建立三维地质模型，中国的入地计划整体作为深部探测的重要步骤，要在更多的领域展开科研工作，所以所涉及的行业领域和技术手段以及最终成果都有很大的差异性，而移动平台综合地球物理数据处理与集成系统将成为打破诸多行业领域壁垒、兼容多种技术手段、收录以及输出多种成果的顶层设计平台，其作为深部探测综合信息集成与分析的重要技术支撑，将相关联的多类勘测方法、海量数据、多种处理和解释技术集成一体，建立高效率的工作流程。而且虽然同类的系统在世界上已经有很多的先例，但往往软件使用权与硬件操作平台被把持在其他公司及国家的手中，所以移动平台综合地球物理数据处理与集成系统也成为打破这一现状的首次创举，使我国拥有独立自主知识产权的地质信息成像综合处理分析系统，为我国地质工作的进一步展开奠定了坚实的数字化基础。

》1.8 研发进展

为深部探测综合信息集成与分析提供软件技术支撑，这对整个系统的兼容性以及可扩展性的高度和广度要求可以说是前所未有的，这不仅要求系统在项目实验研究阶段，通过引用和自主研发"红蓝军"双路线，完善高端平台功能的联合，强化研发和应用人员的系统化训练，加速跟进国外软件发展步伐，还要满足深部探测工程所涉及的数据处理、解释、融合和建模一体化工作流程的软件技术需求。该系统的研发主要针对深部探测地学数据特点，规范化与国际对接的设计标准，提高对特定应用目标的应用效率和技术保障程度。

该平台是以视图为舞台、数据为演员、绘图为角色、任务为剧本的综合信息处理软件，是面向复杂地质目标的地学信息处理解释一体化软件平台。具有跨操作平台、数据融合、灵活扩充、数据共享管理等功能；与国际先进软件平台接轨实现二次开发，填补了国外产品缺少的内容，满足大面积高效率探测任务需求；遵循国际高端地学软件的开发理念，完成 OpenPro 图形库的软件架构设计和部分研发，奠定了新一代软件自主性和原创性开发基础；严格按照设计流程，高质量完成架构支撑系统所涉及的基础组件、应用组件、交互处理模块、场景渲染模块、场景构造模块、地质场景建模模块，研发了针对陆海空快速移动探测条件下的"重磁场数据质量控制以及目标发现率评估系统"以及多参数海量数据的"综合地球物理数据处理与集成软件系统"等专用模块，填补了国外产品缺少的航空探测技术融合功能，满足了大面积深部探测的任务需求。该软件平台的测试应用以及在国内外会议的展示表明，它的计算分析功能、操作执行技术和稳定性等关键指标均接近国际高端软件平台的技术水平，可以有效实现多元数据联合，解决海量数据的集成与管理等关键问题。在三年的短期研究过程中，较好地完成了实验示范阶段所规定的任务。2014年 12 月 29—30 日，中国地质调查局组织有关专家，在长春对深部探测专项"移动平台综合地球物理数据处理与集成系统"课题进行了结题验收。经专家组认真讨论，对课题成果形成如下共识：

SinoProbe-09-01"移动平台综合地球物理数据处理与集成系统"课题，研究、借鉴和集成了 Petrel、Geosoft、OpenInventor 等国际先进软件的特点和理念，根据需要自主研发了一系列软件插件，形成了具有中国自主知识产权的、先进的地质—地球物理多源、多数据综合处理平台。针对移动平台高效探测与大面积多类型数据产出特点，设置了重磁场、相关梯度、地形数据和与提高数据精度有关的移动平台参数等，提高了软件平台系统的数据处理、分析、管理效率。通过基于立体元的数据模型和自主研发的LDM 模块，实现了大数据、批量数据处理和高速、高分辨率的 3D 渲染可视化技术。研发出拥有自主产权的同类型平台产品 OpenPro（暂名）。在引进和自主研发的两类高端平台上，研制出三大类处理系统：《移动平台探测数据质量控制系统》《探测目标发现可行性分析评估系统》和《综合地球物理数据处理与集成软件系统》。自主研发出"深部探测多参数综合一体化软件平台"，集成了钻孔、地震、重力和航磁等数据的综合管理及可视化、克里金—反距离加权等网格化方法，以及重力和航磁等正演和反演方法。利用先进的图形可视化软件 OpenInventor，在 VolumeViz 模块、MeshViz 模块和 LDM 模块基础上，开发了基于 Qt 的多源地学数据可视化平台 QProbePetrel，并通过第三方软件评估，均达到设计目标和考核指标，取得的研究进展和成果获得了国内外专家的高度评价。

移动平台综合地球物理数据处理与集成系统是以三维地质目标模型为中心的综合研究一体化集成分析平台，将多类勘探方法、海量数据、多种处理和解释技术融为一体，建立高效率的工作流程，实现深部数据融合与共享管理。该系统是研发策略是，通过引进和自主研发"红蓝军"双轨路线，完善高端平台功能的联合，强化研发和应用人员的系统化训练；通过追踪国外前沿技术，规范与国际对接的设计标准，加速跟进国外软件发展步伐。

》1.9　该系统的重大意义

这项研发成果具有跨操作平台、数据融合、灵活扩充、数据共享管理等功能。该软件的自主研发和原创性技术的突破亮点是，遵循国际高端地学软件的开发理念，完成了 OpenPro 图形库的软件架构设计，奠定了新一代软件自主性和原创性开发基础；严格按照设计流程，高质量完成架构支撑系统所涉及的基础组件、应用组件、交互处理模块、场景渲染模块、场景构造模块、地质场景建模模块、多通道可视化模块、大型数据处理与可视化模块等功能；初步建成拥有自主产权的与国外最先进水平接近的"处理—分析—管理"一体化大型软件工作平台；研发了针对移动平台探测条件下的系列软件，填补了国外产品缺少的内容，满足了大面积高效率探测任务需求，解决了项目实地勘探过程中的许多"疑难杂症"，对于 SinoProbe 项目的推进与实施起到了关键支撑作用。

在航载、船载、潜航和车载等快速移动平台探测条件下，利用综合地球物理数据处理与集成系统迅速对连续观测的重、磁、电、放射性等空间地球物理场数据进行处理和解释，能够高效率地完成对隐伏地质目标的探测。该技术在国内外已被广泛用于大面积能源资源快速探测评价以及军事探测工程和国防安全，取得了一系列重大突破。据了解，无人机搭载、船载及车载快速移动平台探测技术将提供高效率、高精度和多信息联合的国际前沿探测技术手段，这将促进我国在材料、制造工艺以及电子和通信工程等技术领域实现全面提升。SinoProbe-09-01课题的研究，是一种通过引领技术突破带动相关行业全面发展的国家战略行为，通过一体化大型软件平台的研发，能够逐步建设和确立我国在此应用领域的竞争力和地位，满足我国国土资源调查和重大找矿突破战略需求。同时，这种系统能够被广泛推广于国内资源勘探的各种领域，完成各种复杂地质条件下的资源寻找与勘探，充分挖掘我国地下资源，有效缓解我国资源"供不应求"的尴尬局面，对于国家未来长远发展有着深刻的战略意义。

2 地面电磁探测系统

》2.1 地面电磁探测相关定义

2.1.1 电

众所周知，宇宙中的一切物质都是由分子或原子直接构成的，而分子还可以分为原子，虽然原子在化学反应中处于不可分割的最小级别，但从物理学的角度来看，亚原子粒子构成了原子，这些粒子主要包括：质子以及电子。亚原子粒子的正负电属性统称为电荷（如图3-4所示），在电荷的周围存在着电场（如图3-5所示），引进电场中的电荷将受到电场力的作用，电流就是在这些带电粒子的定向移动中产生的（如图3-6所示）。电势是种电势能，这种能量是由带电粒子在静电场的某一位置中产生的，正电荷或负电荷是因为物体在失去电子或得到电子时所产生的，带有电荷的物体称为带电体。

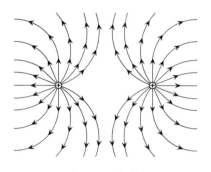

图 3-4　电荷

图 3-5　电场

图 3-6　电流

人类最早开始对电现象的研究是由许多术士进行的。这些炼金术士

所得到的结果少之又少。到 17 世纪和 18 世纪，虽然在科学方面有一些重要的发展和突破，但科学家并没有找到电的实际用途。19 世纪末期，电机工程学的发展使电进入了生产与家庭。电气技术的迅速发展带给人类难以想象的改变。而电能也由其清洁与无限能的特点成为人类社会发展最重要的能源之一。直至今日，电能依然是人类应用范围最广的绿色能源。

人类对电的认识最早始于原始社会，一些鱼类可以发出电击，这些发电鱼（Electric Fish）的能力一直被人类关注。在公元前 2750 年撰写的古埃及书籍中，就记录了电这种现象，当时这些带电鱼被称为"尼罗河的雷使者"，它是鱼群的保护者。关于发电鱼的记载也散见于阿拉伯自然学者、古罗马、希腊和阿拉伯医学者的记载中。美国科学家富兰克林（Benjamin Franklin，1706—1790）是关于电的最早的科学研究人员，电流的概念就是第一次由他提出来的，他认为电是一种流体，所有物体中都有这种流体的存在。电的产生正是因为物体得到比正常分量多的电；若物体所得少于正常分量，就被认为带负电；"放电"是正电流向负电的一种过程。虽然最终的理论证明，这一说法是错误的，但正电、负电两种名称在以后的研究中被继承下来。此外，富兰克林在 1752 年进行了著名的风筝实验，避雷针就是这一实验的成果。

意大利的伽伐尼是第一个实验发现电流的人。实验中，一次偶然的闪电使一只与金属器具连接的青蛙腿发生痉挛现象。从此，他一直致力于研究此现象 12 年之久，主要研究内容是肌肉运动中的电气作用。实验结果表明，青蛙腿在和不同的金属接触时，肌肉就会发生颤抖。遗憾的是伽伐尼对这种电流现象的产生原因未能进行详细说明，他仅仅用"动物电"的概念来解释这一现象。当时的科学界给予伽伐尼的研究成果相当大的关注。另一位同期的意大利科学家伏特则认为电存在于金属之中，两种意见引起了科学界的争论并分成两大派。1799 年，伏特以含食盐水的湿抹布，夹在银和锌的圆形金属板中间，制造出世界上最早的电池——伏特电池。1800 年春季，伏特在英国皇家协会发布了关于伏持电池的论文。

2.1.2 磁

磁场产生于运动的电荷，运动的电荷受磁场产生磁场力的作用，磁现象是由运动电荷和磁场发生的相互作用所产生的一种现象，罗兰实验证明，磁场是由运动电荷产生的。电磁这一著名的物理概念就是由罗兰实验产生的，丹麦科学家奥斯特发现了电磁，电磁是电性和磁性的一种统称。电荷运动产生波动，形成磁场就会造成电磁现象，所有的电磁现象都离不开磁场。

磁性是我们在讨论磁场的时候，无法避开的一个概念。不均匀的磁场对放入其中的物质会产生磁力的作用，使物质形成了磁性。物质磁性的强弱是由相同的不均匀磁场中单位质量的物质所受到的磁力强度和方向来决定的。无论什么物质都具有磁性，所以，不均匀磁场中的任何物质都会受到磁力的作用。那么，我们怎样观察物质磁性的强弱呢？为什么吸铁石可以吸住没有接触它的钢铁呢？把两块磁铁放在一块硬纸板的两面，并且让它们的 S 极互相面对。在纸板上面撒一些细的铁粉末，会发现铁的粉末会自动动起来，并形成一串串曲线。其中，N 极和 S 极之间的线条是连续的，这就是说曲线从 N 极直至 S 极。而两个 S 极之间的曲线互不是连续的，也就是说，磁铁的磁极之间存在某种联系。因此，我们可以想象，在磁极之间存在一种曲线，磁极之间相互作用的强弱由它代表着。这种想象的曲线叫作磁力（感）线（如图 3-8 所示），并人为规定磁力线从 N

极出发，最终射入 S 极。这样，只要有磁极存在的地方，就会有磁力（感）线，而且磁力线的密度与磁极的距离成正比。

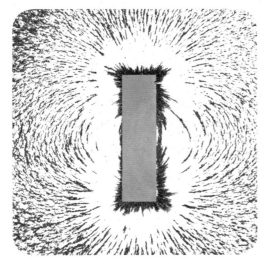

图 3-7　磁铁磁场 　　　　　　　　　　　　　　图 3-8　磁力线

物质的原子会产生磁性，原子中的电子会产生原子的磁性。那么下一步我们就会想知道，电子的磁性又是来自哪里？科学研究表明，原子中电子的磁性有两个来源：电子本身具有自旋能产生自旋磁性，这种磁性称为自旋磁矩；原子中，电子绕原子核作轨道运动时，也能产生轨道磁性，这种磁性就称为轨道磁性。我们知道，物质是由原子组成的，而原子又是由原子核和位于原子核外的电子组成的。原子核好像太阳，而核外电子就仿佛是围绕太阳运转的行星。另外，电子除了围绕原子核公转以外，自己还有自转（自旋），跟地球的情况差不多。一个原子就像一个小小的"太阳系"（如图 3-9 所示）。另外，如果一个原子的核外电子数量多，那么电子会分层，每一层有不同数量的电子。

图 3-9　太阳系

　　地球的磁性，是地球内部的物理性质之一。地球是一个大磁体，在其周围形成磁场，即表现出磁力作用的空间，称作地磁场（如图 3-10 所示）。它和一个置于地心的磁偶极子的磁场很近似，这是地磁场的最基本特性。地球磁场的磁极和地理上的南北极方向正相反，而且和地球南北极并不重合，两者之间有一个 11° 左右的夹角，叫磁偏角。此外，地球磁场的磁极位置不是固定的，它有一个周期性的变化。

　　在中国，很早我们的先人就已经积累了许多关于磁的知识，在寻找铁矿时，经常遇到磁铁矿，也就是磁石。这些发现很早就被记载下来了。《管子·地数》篇中最早记载了这些发现："上有慈石者，其下有铜金。"《山海经》中也有类似的记载。很早人们就发现磁石的吸铁特性，《吕氏春秋》九卷精通篇就有："慈招铁，或引之也。"那时的人把"磁"称为"慈"，他们把慈母对子女的吸引比作磁石吸引铁。

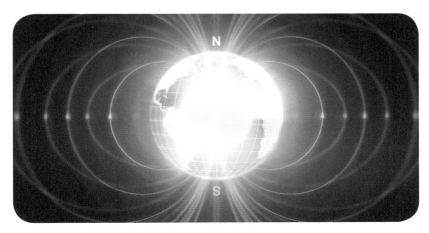

图 3-10　地磁场

电和磁的现象在西方也被发现了，并知道磁棒有南北两极。正电荷和负电荷在 18 世纪被发现。人们发现同性相斥、异性相吸是电荷和磁极都有的性质，电荷能够流动，但电和磁之间的联系长期没有被发现。在 19 世纪前期，奥斯特发现电流可以使小磁针偏转的现象，安培发现电流的方向和作用力的方向。不久之后，法拉第发现当把磁棒放入导线圈时，导线圈中就产生电流。这些实验表明，在电和磁之间存在联系。在电和磁之间密切的联系被发现后，人们认识到，万有引力在一些方面和电磁力的性质相似，但另一些方面却又会有差别。为了研究这种现象，法拉第引进了力线的概念。现在，人们终于知道，物质存在的一种特殊形式就是电磁场。电荷在其周围产生电场，这个电场又以力作用于其他电荷。磁体和电流在其周围会产生磁场，而这个磁场又以力作用于其他磁体和内部有电流的物体。电磁场也具有能量和动量，是传递电磁力的手段。19 世纪下半叶，麦克斯韦总结了宏观电磁现象的规律，并引进位移电流的概念。这个概念的核心思想是：变化着的电场能产生磁场；变化着的磁场也能产生电场。在此基础上他提出了一组偏微分方程，来表达电磁现象的基本规则。这套方程就是著名的麦克斯韦方程组，是经典电磁学的基本方程。麦克斯韦在他的电磁理论预言，存在电磁波，它的传播速度等于光速，后来赫兹实验证实了这一预言。人们认识到麦克斯韦的电磁理论正确地反映了宏观电磁现象的规律，肯定了光也是一种电磁波。经典电动力学的基础是由描述电磁场基本规律的麦克斯韦方程组和洛伦兹力构成的。

2.1.3　电磁波与引力波

德国物理学家海因里希·赫兹在实验中证实存在电磁波（如图 3-11 所示）。

图 3-11　电磁波

电荷的波动运动产生场，称为电磁场，电磁场中的电磁波以波形态传播能量，波形态的能量传播在宇宙中有多种形式。2016 年，美国激光干涉引力波天文台探测到引力波，这在学术界乃至人们的生活中形成轩然大波，引力波被探测到，证明了爱因斯坦相对论的正确性，证实了爱因斯坦的广义相对论预言：两个质量巨大的天体之间存在引力波。

在爱因斯坦的广义相对论中，时空弯曲效应是由质量所产生的引力造成的。在体积给定的情况下，质量越大，那么在这个物体处所导致的

时空弯曲越大。当一个有质量的物体，在时空当中运动的时候，弯曲时空的能量以波的形式向外以光速传播，这种传播现象被称之为引力波（如图 3-12 所示）。

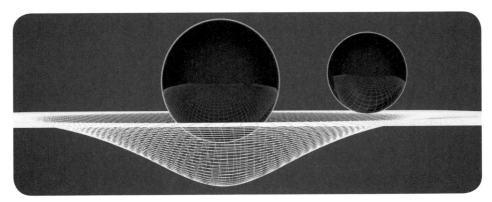

图 3-12　引力波

引力波能够超越电磁波的传播局限，所携带的信息提供了宇宙中很多人类无法触及的地方的信息，宇宙的广阔让光学望远镜和射电望远镜也有力所不能及的地方，所以引力波天文学研究将更新人类对宇宙更远处的认识。观测极早期宇宙的一种有力途径就是引力波，在传统的天文学中，这是不可能做到的，因此，对于引力波的精确测量，能够让科学家们更为全面、准确地验证广义相对论。

》2.2　地面电磁探测系统

地面电磁探测是运用电磁进行的一种探测方式，它是电法勘探的一种形式之一，是根据地壳中各类岩石或矿体的电化学特性的差异和电磁学性质（如导电性、导磁性、介电性），通过对电场、电磁场或电化学场的时间特性和空间分布规律的观测和研究，查明地质构造，寻找不同类型的有用矿床，解决地质问题的一种地球物理勘探方法。这种方法可以用于寻找金属、非金属矿床，勘查地下水资源和能源，解决某些工程地质及深部地质问题。地壳是由不同的各种地质构造所组成，如岩石、矿体，它们具有不同的介电性、导磁性、导电性和电化学性质。根据这些性质、时间特性、空间分布规律，人们可以推断矿体或地质构造的赋存状态和物性参数等，从而达到勘探的目的。电法勘探具有观测内容或测量要素多，场源、装置形式多，利用物性参数多，应用范围广等特点。

电法勘探的重要的一个分支是电磁法。该方法主要利用岩矿石的介电性、导电性、导磁性的差异，人工应用电磁感应原理，观测和研究人工或天然形成的电磁场的分布规律，进而解决有关的各类地质问题。电磁感应法多利用10–3–108赫兹的不同形式的周期性电磁场或谐变电磁场，分别称为时间域电磁法和频率域电磁法。这两类方法的基础理论和野外工作基本相同，但地质效能各有特点。

电法是所有地球物理方法中，分支方法最丰富、最复杂的方法，而电磁法又是电法中最复杂的方法。电磁法有很多的分类方式，按电磁场性质可以分为频率域电磁法和时间域电磁法，按场源形式可以分为人工场源（主动源）和天然场源（被动源），按工作场所可以分为地面、航空、井中和海洋电磁法，按观测方式可以分为电磁剖面法和电磁测深法等。

频率域电磁法的测深原理是利用电磁场的趋肤效应，不同周期（频率）的电磁场信号具有不同的穿透深度，通过研究大地对电磁场的频率响应，获得不同深度介质电阻率分布的信息。频率域的电磁剖面法，是利用不同地质体的导电性不同，产生的感应二次场的强度不同，通过观测二次场的变化来达到探测电性结构的目的。

时间域电磁法，是指利用接地的电极或不接地的回线，建立起地下的一次脉冲场，在一次磁场间歇期间，在时间域接收感应的二次电磁场。由于早时阶段的信号反映浅部地电特性，而晚时阶段的信号反映较深部的地电断面，所以可以达到测深的目的。对于时间域的剖面法，由于地下介质的导电性越好，感抗便越大，所以二次场的强度越大，持续的时间越长。这样，可以用来寻找电性异常体。

地震勘探在寻找海洋石油过程中的作用是不言而喻的，但是在某些时候地震方法也会有使用限制，如遇到碳酸岩礁、火山岩盖等散射体时通常很难使用这种方法。海洋电磁法可以作为一种补充的技术方法应用于这些地区。大地电磁探测法，是以天然电磁场为场源，来研究地球内部电性结构的一种重要的地球物理方法。其基本原理是依据不同频率的电磁波在导电煤质中具有不同深度的原理，在地表测量由高频至低频的地球电磁响应序列，经过相关的资料处理来获得大地由浅至深的电性结构。

》 2.3 研究背景

人类通过对电磁属性的了解，在生活的各个方面广泛地应用了电磁探测技术。研究发现，所有金属元素都具有其固有的振动频率，也就是共振频率。当外来振动波的频率与某金属元素的共振频率相同时，就会引发该金属元素的共振。元素一经被引发共振，它就又成了一个小的振动波发射源，去引发更远的同种元素产生共振。如此接力传播下去，使选定的频率波在土壤及岩层中向远距离传播。通过电磁探测可以有效地查明地下金属元素。

探雷器早在第二次世界大战时期便广泛应用于战场，但当时的探雷器相对简易，其工作原理即为电磁探测。除此之外，机场安检所用的金属安检门、医学上的核磁共振、手持金属探测器、考古用地下金属探测器等均由同样的原理发挥作用。一种探测地雷和地雷场的地雷战器材，是探雷器。探头、信号处理单元和报警装置三大部分组成了一个探雷器。探雷器有多重类型，分为机载式、车载式和便携式三种类型。便携式探雷器又称单兵探雷器，供单兵搜索地雷使用，耳机声响变化是其主要的报警信号；车载式探雷器以装甲输送车、吉普车作为运载载体，在道路和平坦地面上探雷时，多用车载式，声响、灯光和屏幕显示等方式是它的主要报警方式，在报警的同时，它也会自动停车，在保障坦克、机械化部队行动时有很大作用；直升机是机载式探雷器使用的运载工具，在较大地域上对地雷场实施远距离快速探测时，一般会使用它。探雷时，利用探雷器辐射电磁场，从而使地雷的金属零件受到刺激产生涡流，反过来涡流电磁场会作用于探雷器的电子系统，使之失去原来的平衡状态，从而得知金属物体（地雷）的位置；利用地雷与周围土壤的物理特性的差异，引起探雷器辐射的微波电磁场发生畸变，通过检测畸变场信号来判断地雷的位置。这便是便携式探雷器与车载式探雷器的工作原理。

图 3-13　地雷探测

金属安检门（如图 3-14 所示）是指一种采用磁电兼容，采用双探测源技术所制造的金属探测门，它具有稳定性好、抗干扰能力极强、探测精度高、计数准确等特点。当人携带金属物品通过时，这种门能产生报警信号，并能准确探测到人身上或手提包箱中携带的金属物品或含有金属的物品，如各种管制刀具、武器、金属制品、电子产品及其他含有金属的物品等。

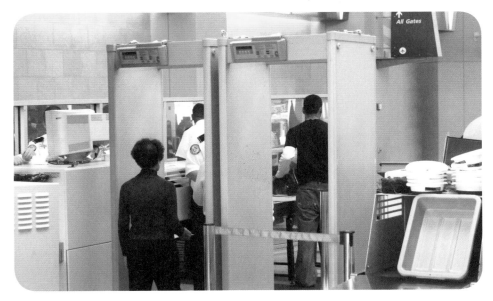

图 3-14　金属安检门

核磁共振成像（如图 3-15 所示）是核磁共振原理在医学影像技术上的最新应用，对肾、胰、肾上腺、脑、甲状腺、肝、胆、脾、子宫、卵巢、前列腺等实质器官以及心脏和大血管有绝佳的诊断功能。通过与其他辅助检查手段相比，核磁共振具有组织分辨率高、扫描速度快、成像参数多和图像更清晰等优点，可协助医生"看见"不易察觉的早期病变，目前，它已经成为肿瘤、心脏病及脑血管疾病早期筛查的利器。由于金属会对外加磁场产生干扰，所以患者进行核磁共振检查前，必须把身上的金属物全部都拿开。不能佩戴金属避孕环、金属纽扣、手表、金属项链、假牙等磁性物品进行核磁共振检查。

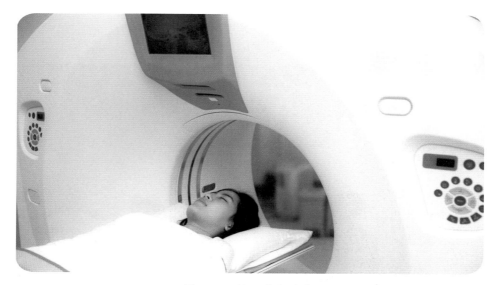

图 3-15　核磁共振成像

金属探测器的一种简单应用就是手持金属探测器（如图 3–16 所示），因使用方式为手握方式而得名，主要用于场所安检、工厂防盗，以及考场防作弊。相对于安检门，手持金属探测器更加精确。通过对金属物品的电磁感应而报警，声光、震动，或者通过耳机是它的主要报警方式。手持金属探测器被设计用来探测人或物体携带的金属物。它可以探测出人所携带的包裹、行李、信件、织物等内所带武器、炸药或小块金属物品。其表面的特别外观令操作简便易行，且具备超高灵敏度，可特殊应用于监狱、芯片厂、考古研究、医院等。

图 3-16　手持金属探测器

　　地下金属探测器是应用先进技术制作的探测仪器，它具有分辨率强、定位准确、探测度广、操作简易等特点。地下金属探测器的功能主要是用来探测和识别隐埋地下的金属物。它除了应用在军事上外，还广泛用于考古、安全检查、探矿、寻找废旧金属。声音报警及仪表显示是地下金属探测器采用的报警方式，探测深度与被探金属的面积、形状、重量都有很大的关系，面积越小，数量越少，相应的深度就越小，反之，面积越大，数量越多，相应的探测深度也越大。由于金属埋在地下，地质结构透过厚厚的土层会影响探测；由于地层中含有各种各样的矿物质，在探测过程中它们也会使金属探测产生信号，这些矿物的信号会给探测带来影响。新的地下金属探测器（如图 3–17 所示）装有先进的地平衡系统，能排除杂质信号的干扰，大大提高了仪器的探测深度与效果。

图 3-17　地下金属探测器

　　地面电磁探测是电磁在地面探测领域的一种应用。随着人类对资源需求的不断增长及地球科学的发展，进行地球深部探测来研究大陆演化的过程，进行环境保护，寻找更多资源，是当代地球科学的主要任务。地球物理观测是进行地球深部探测的重要方法技术，自 20 世纪 70 年代以来，很多发达国家均陆续启动了深部地球物理探测计划，并获得了一系列重大成果。其中，大陆岩石圈导电性结构的研究，是地球深部探测的一个重要组成部分，有关大陆岩石圈导电性的研究可以为矿床成因研究、地质灾害防治、大陆动力学等提供重要的支撑。大地电磁观测是研究地球深部构造与电性结构的主要地球物理方法，被广泛应用于矿产资源勘探、油气勘探以及深部地球物理调查等领域。地震方法和大地电磁测深在研究壳幔构造方面，一起被视为两大支柱方法，两者相互验证、相互补充，在世界范围内解决大陆动力学问题方面已有许多成功的应用范例。

　》2.4　地面电磁探测的发展历程

　　地球物理勘探的主要任务之一就是地下电性结构探测，它服务于地球内部结构的探测以及与此相关的地下油气、矿产资源等地下资源的探测。地球内部结构和地下资源的探测是一门观测科学，离不开可靠的观测设备系统。在国际上，随着电子技术的不断进步，电磁观测设备系统有了飞速的发展。加拿大凤凰公司从 20 世纪 80 年代中期至今，推出了以大地电磁和可控源音频大地电磁探测为主的 V4、V5、V5-2000、V6、V8 系统，可用作频率域和时间域的大地电性结构探测及地下资源探测。美国 Zonge 公司、EMI 公司等从 20 世纪 90 年代初开始至今，相继推出了 GDP16、GDP32，增强型 GDP32II 多功能电磁系统，MT1、MT24 等大地电磁系统，也可用作频率域和时间域的大地电性结构探测及地下资源探测。德国 Metronix 公司则几乎在同一时期推出了 GMS05、GMS06、GMS07 系统，主要用于大地电性结构探测。

新中国成立以来，百废待兴，急需油气、矿产等资源，因此，急需各种电性观测设备。但我国工业基础薄弱，仪器研制尚不可能做到面面俱到，在地下资源探测方面，首先重点突破了轻型直流电法、瞬变电磁法和激电方法（IP）仪器的研制，这些国内自行研制的轻型电发仪器在浅层金属矿勘探中发挥了重要作用，但对于大型的深层电法找矿和地球深部的电法探测设备尚无力顾及，基本上处于跟踪和研发的探索阶段，自改革开放以来，对深部找矿的需求日益增加以及地震预报等地球深部电性结构探测的渴求加深，急需各种类型的重型电法探测设备问世。然而受当时国力不足，大型电法仪器设备研制费用可能超过进口国外仪器的费用，在不得已的情况下，我国从 20 世纪 90 年代到 21 世纪初进口了大量的地面电磁观测系统，服务于油气、矿产、地下水等资源的探测。在使用国外仪器的实践过程中，一方面，感到国外的设备很先进，很好用；另一方面，针对我国的地质特点，也感到了某些不方便之处，如发射设备比较笨重，在山区移动很不方便；有的仪器分辨率满足不了实际需要。解决这一问题的唯一途径是针对我国具体的地质条件进行电磁观测设备的自行研制，发展更好、更有效的地球深部电性结构和资源的探测方法，提高电性机构探测的分辨率。从2010年开始，我们在国土资源探测技术与实验研究专项中承担了"地面电磁探测系统研制"项目的研究。

该项目下主要分设7个子项目：

（1）发射机、处理软件及系统集成研究。主要重点攻关SEP电磁设备的重要部件——大功率发射器，同时研制3D电磁反演和偏移成像软件，优化与集成适于三位电磁探测的有机系统，形成适于我国深部矿产资源勘探的电磁探测设备与技术，提升我国电磁探测装备自主研发能力和水平。

（2）感应式磁场传感器与采集控制子系统研究。主要承担感应式磁场床干起及采集控制子系统的研制工作。

（3）芯片级原子钟研制研究。原子钟是利用原子吸收或释放能量时发出的电磁波来计时的。由于这种电磁波非常稳定，再加上利用一系列精密的仪器进行控制，原子钟的计时就可以非常准确。其主要用于航空探测导航系统。

（4）高温超导磁传感器研制。主要用于地面电磁法探测系统的传感芯片和读出电路。

（5）野外试验研究。针对系统不同的设计目的，进行野外试验研究，验证系统的稳定性、可靠性，和各种设计指标的实测结果，进而反馈信息，对系统和硬件、软件进行调整和修正，改善系统性能，使其成为可实用化的电磁探测装备。

（6）数据管理可视化研究。实现SEP数据管理与图形可视化系统设计与开发。

（7）磁通门磁传感研究。主要用于实现对更深地质结构的探测。

》2.5 地面电磁探测的工作原理

地面电磁探测方法有大地电磁测深法和瞬变电磁法。大地电磁法是一种天然源的频率域电磁法。天然的平面电磁波是它的场源，通过人工在地表观测相互正交的电磁场分量，获取地下地电构造的信息。天然场中有各种高低不同的频率，不同频率成分的电磁波会产生不同的穿透深度，所以，大地电磁法能很好达到测深的目的。天然交变电磁场源是大地电磁法的主要利用场所，它不需要供电设备及有关的控制系统，在探测时长周期时的天然信号比较强，而且可以假定成平面电磁波，因而，大地电磁法资料的解释相对人工源电磁法资料来说被大大简化了，在寻找油气田构造方面，一些构造复杂地区，地震方法难以开展工作或工作效果不好，大地电磁法正可成为此种工区一种重要的普查手段。

电法勘探的重要的一个分支是电磁法。该方法主要利用岩矿石的介电性、导电性、导磁性的差异，人工应用电磁感应原理，观测和研究人工或天然形成的电磁场的分布规律，进而解决有关的各类地质问题。电磁感应法多利用 10-3–108Hz 的不同形式的周期性电磁场或谐变电磁场，分别称为时间域电磁法和频率域电磁法。这两类方法的基础理论和野外工作基本相同，但地质效能各有特点。

电法是所有地球物理方法中，分支方法最丰富、最复杂的方法，而电磁法又是电法中最复杂的方法。电磁法有很多的分类方式，按电磁场性质可以分为频率域电磁法和时间域电磁法，按场源形式分为人工场源（主动源）和天然场源（被动源），按工作场所可以分为地面、航空、井中和海洋电磁法，按观测方式可以分为电磁剖面法和电磁测深法等。

频率域电磁法的测深原理是利用电磁场的趋肤效应，不同周期（频率）

的电磁场信号具有不同的穿透深度，通过研究大地对电磁场的频率响应，获得不同深度介质电阻率分布的信息。频率域的电磁剖面法，是利用不同地质体的导电性不同，产生的感应二次场的强度不同，通过观测二次场的变化来达到探测电性结构的目的。

时间域电磁法是指，利用接地的电极或不接地的回线，建立起地下的一次脉冲场，在一次磁场间歇期间，在时间域接收感应的二次电磁场。由于早时阶段的信号反映浅部地电特性，而晚时阶段的信号反映较深部的地电断面，所以可以达到测深的目的。对于时间域的剖面法，由于地下介质的导电性越好，感抗便越大，所以二次场的强度越大，持续的时间越长。这样，可以用来寻找电性异常体。瞬变电磁法具有如下特点：

（1）穿透高阻能力强；

（2）采用人工源，随机干扰小；

（3）断电后观测纯二次场，可以进行近区观测，减少旁侧影响，增强电性分辨能力；

（4）可以用加大发射功率的方法增强二次场，提高信噪比，从而增加勘探深度；

（5）通过多次脉冲激发、场的重复测量叠加和空间域拟地震的多次覆盖技术，可以提高信噪比和观测精度；

（6）通过选择不同的时间窗口进行观测，有效地压制噪声。

地震勘探在寻找海洋石油过程中的作用是不言而喻的，但是在某些时候地震方法也会有使用限制，如遇到碳酸岩礁、火山岩盖等散射体时通常很难使用这种方法。海洋电磁法可以作为一种补充的技术方法应用于这些地区。大地电磁探测法，是以天然电磁场为场源，来研究地球内部电性结构的一种重要的地球物理方法。其基本原理是依据不同频率的电磁波在导电煤质中具有不同深度的原理，在地表测量由高频至低频的地球电磁响应序列，经过相关的资料处理来获得大地由浅至深的电性结构。

》2.6 项目研究的成果

近几年，大地电磁法作为深部找矿与地球电性探测的感应类电法有了迅猛的发展，国内电磁法仪器基本上都是美、加、德三国地球物理公司所生产，中国已经进口了几百套这些设备，随着中国国力增强，地面电磁探测系统的自主研制被提到议事日程。自 2010 年开始，中国科学院地质与地球物理研究所牵头，联合中科院院内及高校等单位在国土资源部探测技术与实验研究专项（SinoProbe）中承担了《地面电磁探测（SEP）系统研制》项目的研究。目前已取得阶段性成果：经过近三年的艰苦努力，自主研发的 SEP 系统在核心技术上取得了重大进展，突破了极低频微弱信号整套技术、磁芯和线圈设计与加工工艺等关键技术，研制出了感应式宽频带传感器原理样机。掌握了双交直变频的大功率发射机、数据采集、数据处理等部件的核心技术；在相关的配套部件和拓展性研究方面，如芯片级原子钟、高温超导磁传感器、磁通门磁传感器等，也获得了重要进展。这些进展为最终形成 SEP 高端产品奠定了坚实的研发基础。

项目组在关键技术上取得了突破性的进展。一是感应式磁传感器。突破了极低频微弱信号检测电路、磁芯和线圈设计与加工工艺等关键技术，技术指标与国外同类产品相当。二是大功率发射技术。自主研制了双交直变频的大功率发射机，性能达到国际同类产品技术指标。三是多通道采集站。采用了带通负反馈技术，解决了因接地阻抗变化而导致高频信号易受干扰的问题，测试性能达到国际同类产品技术指标。四是集成技术。研制出的感应式宽频带磁传感器原理样机，性能指标与国外同类产品相当；同时，芯片级原子钟、高温超导和磁通门磁传感器等辅助设备研究也取得重要进展，SEP 系统达到了工程化的水平。

项目组所研制的地面电磁探测系统在实地应用中取得了很好的效果。根据课题的研究任务与试验剖面位置，2008—2009 年，项目组在青藏高原东北缘的西秦岭造山带与华南福建省分别进行了大地电磁深探测的试验研究，共完成了 111 个大地电磁测深点的数据采集任务。在完成数据采集的基础上，总结了在高原、花岗岩地区以及强干扰地区进行大地电磁数据采集的方法技术，对获得的数据进行了精细处理和初步反演计算，获得了初步的电性结构模型。项目组在西秦岭造山带所完成的大地电磁探测剖面南起青海省甘南藏族自治州合作市，途经临夏、永靖、兰州、景泰北至内蒙古境内的腾格里沙漠南缘大井镇，剖面全长约 400 千米，共布置大地电磁测点 70 个 (其中长周期测点 18 个)，平均点距 5 千米。测线方向为北北东向，大致垂直于该地区的构造走向。在华南地区湖南桂东—福建厦门项目组布置了一条大地电磁观测实验剖面，完成了 41 个大地电磁测深点的数据采集，剖面长 430 千米。通过试验，获得了一些在复杂山地条件下进行大地电磁观测的经验，并获得了初步的地下电阻率分布模型。

为了检验自主研制的地面电磁探测（SEP）系统各组成部分在实际勘查中的性能与可靠性，以及整体系统的野外实际工作能力，项目组在内蒙古乌兰察布市兴和县的曹四夭钼矿开展了 SEP 不同类型磁传感器之间，以及 SEP 整套系统与国外商业仪器系统的全面对比试验。试验采用多种方案，分别进行了高温超导磁传感器和感应式磁传感器之间的性能对比试验；磁通门磁传感器和感应式磁传感器之间的性能对比试验；SEP 发射机与 GGT-30 发射机 TXU-30、发射机的发射性能对比试验；SEP 系统与

V8、GDP-32I 等国际先进仪器的 CSAMT 法综合对比试验；以及 SEP 系统和 V8 系统的 MT 法对比试验。试验结果表明，自主研制的 SEP 系统已经基本达到甚至优于国外同类产品的性能，能够很好地胜任野外实际勘查工作。为了检验地面电磁探测（SEP）系统各组成部分在强干扰区中的性能及可靠性，以及由 SEP 系统各组成部分集成的整体系统的野外实际工作能力，继续在甘肃金川镍矿区，在强干扰背景下开展了与国外先进仪器的比对试验。利用 SEP 系统和国际高端著名商业仪器系统，通过不同发射机原始曲线、不同接收机原始曲线、反演剖面的对比，表明两者数据一致性较好，SEP 系统的抗干扰能力已经和国际先进仪器相当，已经能够胜任各种复杂的勘探任务。

2014 年 2 月 24 日，中国地质调查局在北京组织有关专家，对中国科学院地质与地球物理研究所承担的"地面电磁探测（SEP）系统研制"课题进行了结题验收。

SinoProbe-09-02 课题组经过三年多的艰苦攻关，自主研制了整套地面电磁探测系统，包括大功率发射机、多通道采集站、系列磁传感器和三维电磁数据处理软件，达到了任务书的设计要求和考核指标，并取得了一系列创新性成果：

（1）采用先进电力电子技术研发了大功率发射机，突破双交直变频核心技术，达到了发射功率大、电流强、对时准确等设计要求。

（2）多通道采集站研发着重解决了质量控制系统难点，研制出大量程、低噪声、低功耗、轻便与允许无人值守的 12 通道数据采集站，测试指标达到设计要求，性能接近于国外同类仪器水平。

（3）掌握了磁传感器研发的关键制造技术。成功研制出高灵敏度 MT 和 CSAMT 感应式磁传感器，解决了磁芯加工、线圈绕制和低噪声、低频微弱信号观测等技术难题。性能和指标均与国际先进产品相当。

（4）高温超导 SQUID 磁传感器、磁通门磁传感器和原子钟的研制均取得了显著进展，研制出相关样机，在集成试验中取得了良好的应用效果。

（5）SEP 数据处理方法和软件研发，采用了先进的微分方程离散处理技术，实现了三维正反演软件编程和系统联调，形成实验和工程应用软件支持。处理结果表明，该软件与国外著名大学同类产品的前沿技术研究结果相当。

地面电磁探测系统完成了五个实验场地的对比测试，室内及野外测试结果表明，整套仪器性能稳定，硬件、软件系统均达到了研制目标和考核指标，接近国外同类仪器的水平；感应式传感器优于国外同类产品的水平，传感器技术研究整体处于国内领先水平。

课题共发表论文 52 篇、申请专利 33 项（其中发明专利 21 项）、软件著作权 9 项、培养研究生 49 名，远超出任务书考核指标。最终专家组一致通过结题验收。

3　固定翼无人机航磁探测系统

》3.1　无人机相关概述

作为现代科技的代表之一，无人机无疑是整个航磁探测系统中最核心的部分。无人机相关装备以及围绕无人机所发展的一系列物探方法与技术，在整个项目的研究与实施中占有举足轻重的地位。而对于无人机的发展与运用方面的概述能够使我们了解国际无人机的发展历程及发展现状，对项目的科普同样意义深远。

3.1.1　装备介绍

3.1.1.1　无人机

"无人机"是无人驾驶飞机的简称，是一种具有自主飞行能力以及可重复使用的不载人飞行器。它主要靠自备的程序控制装置和无线电遥控设备来操纵，具有自主飞行和遥控两种飞行模式，是一种世界尖端的研制成果。无人机的结构主要包括机体骨架、动力系统、任务载荷系统、飞行控制系统、数据链、传感器和执行机构等。它的分类方法有许多种：从任务载荷重量与大小上，主要有微型无人机、小型无人机、中型无人机、大型无人机以及超大型无人机；从技术角度上，主要包括无人直升机、无人垂直起降机、无人固定翼机、无人多旋翼飞行器、无人伞翼机、无人飞艇等；从应用领域的角度，可分为军用无人机和民用无人机，军用无人机又可以分为军用无人侦察机和军用无人靶机。行业的需求凸显了无人机的重要性。

图 3-18　无人机

无人机具有以下优点：较小的体型以及较轻的重量；在恶劣环境和地形条件下可以正常进行工作；可以在空中长时间执行多种任务；可以

执行重复性很高的、复杂烦琐的飞行任务；在高危环境下可以正常飞行和作业；不存在人员安全与人才损失的隐患等。

由于其具有的这些优点，目前无人机被广泛应用于多个领域，并在其中扮演重要的角色。主要被应用于：科学观测、航拍、农业、植保、快递运输、公安边防、灾难救援、冰川监测、观察野生动物、测绘、海事、石油、电力监控传染病、电力巡检、新闻报道、影视拍摄等领域。这些应用在很大程度上超出了无人机传统的应用范围，拓展了其自身的用途。这种应用的广泛性吸引世界各国投入巨大的财力与精力去发展无人机产业，升级发展无人机技术，相信未来无人机能被应用于更多地行业领域，为人类提供更好的服务。下面将简单介绍无人机在情况行业领域中的应用情况：

（1）无人机在遥感航拍领域的应用

无人机在遥感航拍应用中所扮演的角色，主要是利用无人机特有的定位技术、智能控制技术、遥感遥测技术和通信技术，实现对环境、地理等空间遥感信息智能化和自动化获取。较之传统的航拍设备，无人机具有的优点十分明显，不仅具有高效快速、灵活机动的特点，而且所获取的图像资料精细准确，操作实施的成本相对较低，目前它已在资源开发、气象监测、自然灾害监测与评估、摄影测量等领域取得了明显的成效。另外，无人机遥感系统在航拍检测区域时所获取的实时影像数据，结合卫星影像数据进行对比分析，能够从中发现疑似违法用地区域，从而有效地监督违法用地行为和检查土地动态监测的实施，帮助相关部门及时获取土地变化信息，从而使集约和节约用得更加科学。

图 3-19 遥感航拍无人机

（2）无人机在农林业领域的应用

1987 年，日本雅马哈公司制造出了世界上首台 "R-50" 型的农用无人机，它一次性可以装载和喷射的农药量达到 20 千克。之后的 20 多年，日本的科学家继续钻研，对农用无人机不断进行技术改造，并不断生产和推广农用无人机。目前，日本已注册的农用无人直升机多达 2346 架，操作人员近 15000 人，在农用无人机喷药方面，成为当之无愧的世界第一大国。我国在农用无人机的研究领域起步比较晚，2008 年，在国家 "863" 计划项目的资助下，才开始系统研究微小型无人机航空施药喷雾技术，且还限于单旋翼无人机低空低量施药技术的研究。不过，后期的农用无人机喷药技术研究发展非常迅速，在 2012 年年末，全国已有 80 余家生产农用无人机相关设备的企业。另外，在林业方面，2013 年 6 月 3 日，Z5 型无人直升机在位于内蒙古大兴安岭林区的根河航空护林站首次进行试航，最终，我国自主研发的这一产品成功完成试飞。这是我国首次在林业领域应用中型无人机。这种无人机所装载的智能遥感监控系统，能够对探测数据进行实时回传，最终实现对火灾发生地的快速定位，提高了灾情的处理和指挥方面的效率。

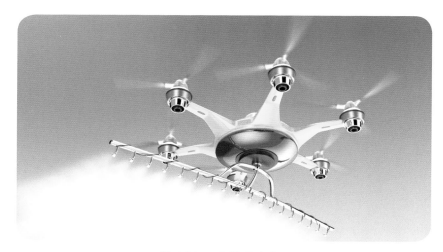

图 3-20　农用无人机

（3）无人机在抗震救灾领域的应用

地震之后，紧随而来的是恶劣的气象条件，为了能够及时地获取灾情，同时避免有人驾驶进行航拍发生危险，无人机能够被用来担当大任。它所具有的不怕疲劳不怕危险的客观特点，以及使用便捷、高效快速的技术优势，保证了极限气象条件下对于灾情图像信息的准确获取，为相关部门计算受灾面积和灾害范围，以及评估灾害所造成的损失提供了科学依据。可以说，无人机决定着抗震救灾行动的最终结果与成效。2008 年，汶川地震发生后，两架"千里眼"无人机航空遥感系统被民政部国家减灾中心等单位带到灾区前线，投入到抗震救灾工作中。这一无人机遥感航拍系统在北川县等受灾最严重地区实施了低空侦察拍摄，获取了能准确地反映震后景象的图像资料与数据，并通过其自带的卫星通信系统将图像在第一时间传回监测和研究中心，给最终灾情的评估和救灾决策的实施给予了巨大的帮助。

图 3-21　用于抗震救灾的旋翼无人机

（4）无人机在环境监测领域的应用

当今社会的环境监测领域已经离不开无人机的使用，无人机的监测几乎涵盖整个地球生态系统。它既可以被用于监测植被变化和土壤侵蚀情况，又可以对生物栖息地和大气污染做出评价。另外，无人机在分析海洋生态环境变迁和城市环境规划中也扮演重要的角色。

（5）无人机在通信领域的应用

保证空中通信的畅通和中继属于无人机的一大重要应用。地震、台风或海啸等自然灾害的发生，往往在一定范围内会损坏原有正常的通信系统。在这种情况下，需要及时了解灾情的主观需求，以及救灾信息无法传递的客观现状往往会使救灾陷入矛盾和尴尬的局面，因此快速构建一个便捷、低成本的应急无线局域通信网，保持灾区和救灾指挥中心之间通信的畅通，成为解决这一难题的有效措施。无人机使用便捷，成本较低，能够迅速构建起应急的无线局域通信网，成为空中通信的中继机，从而提高救灾的效率，保证工作的顺利开展。2008 年的汶川地震，其高震级伴随而来的是巨大的破坏力和震后恶劣的气象条件。它们不仅破坏了地震中心区域所有的通信设施，而且造成载人飞机和直升机无法正常工作，使灾区与外界的通信联系长时间被迫中断。无人机在此时扮演了极其关键的角色，不但其使用成本比较低，最重要的是不存在人员的安全和疲劳问题。将无人机作为通信中继机，可以在灾区上方相对宁静的平流层实现长时间盘旋和不间断的高空巡航，从而成功避开中低空多变的天气，为灾区搭建起一座与外界联系沟通的"桥梁"。

图 3-22　航空航天通信无人机

（6）无人机在快递领域的应用

目前，民用无人机研究与应用已经取得了相当大的成就。其中，无人机在快递领域的应用，无疑是一种时下热门的发展趋势。在国内，一个由胡家祺和孙泽波领导的名为 linkall 的研究团队，在这一方面的研究独树一帜。他们设计出了一种中央机身由 4 旋翼环绕布局，形似蛋壳的快递无人机系统，命名为"智能蜂"。该系统能够按照 GPS 或"北斗"卫

星导航信息计算所选择的最佳路径进行飞行，具有优良的气动性能。它通过自身携带的传感器进行感知障碍物并能自动避开，从而顺利找到买家地址，完成快递任务。目前，国内快递业巨头——顺丰速运公司正在一些城市进行无人机配送服务的测试。

图 3-23　运输包裹的无人机

2012 年，美国总统奥巴马曾签署新法案，要求美国联邦航空管理局（FAA）修改原有规定，准许地方政府、私营公司和民众使用小型无人机。随着法案的出台，美国的亚马逊和 UPS 等电商和速运公司纷纷宣布正在试验无人机送货的可行性。毫无疑问，无人机应用于快递领域，能够极大地提高运送效率，为人类提供非常大的便利和好处。

（7）无人机在战争领域的应用

无人机作为飞机的一个种类，最早出现在 20 世纪 20 年代，它的最初用途用于战争，这也是其基本的用途所在。1914 年第一次世界大战时期，战争双方一时难分高下，英国的皮切尔和卡德尔两位将军突发奇想，随后向当时的英国军事航空学会提出了他们的想法：研制一种用无线电操作的无人驾驶的小型飞机，用它装载炸弹飞到敌军目标区的上空进行投掷。这种大胆的设想得到了时任英国军事航空学会理事长戴·亨德森爵士的赏识。但在很长时间里，无人机主要被用作训练用的靶机。在第二次世界大战，它被许多参战国用于训练防空炮手。1945年，美国将第二次世界大战后剩余或退役的飞机进行改装，一部分被用于特殊研究，另一部分则作为训练用靶机，这开启了现代无人机使用的先河。随着电子科学技术的发展，无人机在军事侦察任务中扮演的角色愈加重要，优势较之有人驾驶的侦察机十分明显。

图 3-24 战争中的无人机

20世纪50—70年代，美国作为世界的霸主，参与了一系列地区性战争，尤其在越南战争中，军方将无人机多次投入军事任务的执行中。在黎巴嫩战争时期中，以色列航空工业公司首次将无人机用于担任侦察、情报收集、跟踪和通信角色，其自主研制的侦察者无人机系统曾在以色列陆军和空军的服役期间发挥了极其重要的作用。

　　1991 年，美军曾将自主研制的用来欺骗雷达系统的小型无人机作为诱饵投入到沙漠风暴的作战中，这种装备在行动中发挥了巨大作用，之后其他国家纷纷效仿研制。1996 年 3 月，美国国家航空航天局研制了两架 X–36 试验型无尾无人战斗机，大小仅相当于普通战斗机的 28%，长度只有 5.7 米，重达 88 公斤。由于其采用分列式副翼和转向推力系统，它在灵活性方面较之传统战斗机具有明显的优势，而将机尾设计成水平垂直的形状使机身重量和所承受的拉力大大减轻，也缩小了雷达反射截面。这种无人战斗机适合在政治敏感区执行任务，能够对敌防空系统进行压制和超高空攻击，也能评估战斗损失。

　　由于无人机在海湾战争中的优异表现，西方国家充分认识到无人机在未来战争中的作用。从 20 世纪 90 年代后期开始，以美国为代表的西方国家竞相将本国先进的科学技术应用到无人机的研制与发展上，促进了无人机技术的飞速发展。同时，使无人机增加了更加卓越的性能，主要表现在：采用轻型和新翼型材料，很大程度上增加了无人机的续航时间；采用信号处理与通信技术，大大提高了无人机的图像传送速度以及数字化传输速度；增加的隐身技术大大降低无人机被地方雷达探测到的概率；先进的自动驾驶仪使无人机能够按程序要求自动改变飞行高度和目的地，摆脱了过去需要陆基电视屏幕领航的局面；先进的光电与雷达成像技术使无人机能够在 20 千米高空准确分辨出大小约 30 厘米的物体。例如，英国的"雷电之神"无人机，由于其有隐形装置，因此，地面雷达几乎无法探测到它的踪迹，而它自身的自动识别系统和人工智能系统能够使它完成对敌侦察和监视的任务，在卫星监控系统的帮助下可以到达地球任何一个角落。

　　进入 21 世纪以来，军用无人机技术的发展达到了前所未有的程度，不仅技术更新的周期越来越短，技术的先进程度也越来越高。各国为了提高自身的军事战斗力，不惜花费大量的人力物力来进行无人机的研制，力求能在技术层面上傲视群雄。作为世界第一军事大国和第一军事强国，美国的无人机技术发展也处于世界顶尖水平。

21世纪初的伊拉克战争，美国向世界展示了其强大的军事实力和军事优势，无人机更是将其军事技术展示得淋漓尽致。一架载有高性能侦察载荷的"全球鹰"无人机，在高空能够对敌方导弹、飞机和车辆的类型进行准确识别，甚至能对汽车轮胎的齿纹进行清晰分辨。它尽管只执行了极少量的高空侦察和空中拍摄任务，却发现了超过一半的敌方目标，帮助美军摧毁了大量的敌方目标和战斗装备及设施，在战争中发挥了巨大的作用。

图 3-25　美国"全球鹰"无人机

不仅是大型无人机，中小型甚至微型无人机在战场中也发挥了巨大的作用。其中，最具代表性的是由美国麻省理工学院研制的"黑寡妇"微型无人机。它具备不超过15厘米的长度和翼展，起飞重量也仅有60克，这种体积和重量使雷达难以探测到它的踪迹，使它能够在障碍物或建筑物之间自由地穿梭飞行，并且能准确地反馈战场实时信息。另外，这种微型无人机能够附在某些物体上，悄无声息地进入作战会议室等敏感区域，为己方收集到重要的信息。如今，美国的军用科学家又进一步将纳米仿生技术带入无人机设计中，未来的无人机将在体积上变得更加微小甚至极其微小，结合模仿鸟类或昆虫的设计外形，能够实现对各种地方的侦察与监测，达到无处不在、无孔不入、无所不能的使用效果。

以上我们谈到的无人机主要担任情报侦察和战场监视的角色，除此之外，有的无人机还可以装载弹药，具备一定的打击摧毁目标的能力，最具代表性的是美国的"捕食者"无人机。它除了能够携带相关的侦察设备外，还可以装载诸如"毒刺"防空导弹和"海尔法"反坦克导弹等类型的精确制导武器。"捕食者"无人机可以在美国本土基地内操作，实现对放在海外基地的实际机体进行控制，这种远程控制能够快速帮助无人机找到目标区域并展开长时间的侦察监视和目标搜索任务，一旦发现目标，能实现悄无声息的"幽灵式"跟踪，并实时传送目标图像，经指挥中心确认目标，后方操作人员只需轻点鼠标即可实施机载导弹攻击。这种作战方式能够充分保证续航时间和掌握战场伤亡情况，较之于有人驾驶战斗机，更具安全性与高效性，而且能够实施快速攻击，为己方赢得主动，因此，多年来一直作为美国执行"定点清除"和"斩首行动"的首选。在近期的反恐作战中，"捕食者"无人机多次与有人驾驶战斗机配合，发现并投放精确制导武器摧毁目标，成功完成既定作战任务。虽然，从人类科技的发展角度看，"捕食者"无人机被许多军事家誉为文明的"天空之眼"，但是，从战争影响以及人道主义的角度看，它也是邪恶的"空中杀手"。

图 3-26 "捕食者"无人机

　　近年来，由于中国等新兴大国的军事实力大幅提升，使得美国政府加大军费开支，希望保持其军事实力的绝对优势，巩固其国际地位。而无人机作为一种尖端的武器装备和先进的技术力量，代表着一个国家军事现代化的成熟度，也是当今世界大国军事力量的一种象征。因此，美国的科学家从未停止过对于无人机研制的步伐，以及对于技术专利的追求。以下简单介绍两种美国近年来在无人机领域的研究成果：

　　2013 年，美国的 X–47B 无人机成功完成了航母起降试验。它由美国国防部国防高级研究计划局、美国空军以及海军共同参与合作研发，是集实施电子战攻击、执行侦察搜索、压制敌防空火力和救援任务等多种功能于一体的无人机机种。X–47B 无人机采用具有隐身功能的无尾式飞翼外形，将当下先进的雷达吸波材料、复合材料及红外隐身技术加入结构设计中，这种设计可以有效躲避敌方警戒雷达和火控雷达等防空系统装备的探测，使其悄无声息地到达战场。由于 X–47B 无人机可以携带超过 1 吨的精确制导武器，也就意味着其可以在敌方无防范的情况下迅速对敌方战略目标进行毁灭性打击，这种特性使它成为美国未来战争中的主力军。

图 3-27　X-47B 无人机

　　2014 年，中俄海上联合演习期间，在日本三泽空军基地执行监视任务的是美国的新型"全球鹰"无人侦察机。这种无人机的巡航高度能够达到 20 千米，具备 28945 千米的航程和超过 42 小时的续航时间，且巡航速度能够达到 635 千米 / 时。"全球鹰"无人机装载有多光谱成像侦察设备和合成孔径雷达（SAR），且雷达的分辨率能够达到 0.1 米。它能够实时地传输信息，并且可以对敌方伪装后的武器装备进行识别，使战场情况以近乎透明的状态呈现在己方指挥中心。此外，美国正在研究的 "联合无人空战系统"，旨在未来能够克服高威胁环境的影响，使诸如压制敌防空力量、空中格斗和电子攻击等军事任务得以顺利执行。

　　从 20 世纪 90 年代发展至今，军用无人机已经经历了无数次升级换代，无人机技术在军事领域的应用已经达到了相当成熟的地步。从美国军用无人机的发展历程可以看到，无人机在大国军事实力和战争能力中占据了越来越重要的地位，未来的大国军事博弈也离不开无人机技术的比拼。随着无人机技术的飞速发展，相信未来的无人机大家庭将会有越来越多的"新成员"，不仅有纳米微型无人机、中型无人机和大型无人机，也会有用于执行特种渗透和侦察任务的无人机，以及用于远程攻击、战略轰炸以及电子干扰等任务的无人机，等等。未来的无人机，在多种技术层面将实现大幅度的提高和升级，较之传统的有人驾驶战斗机，优势将更加明显，甚至在多种领域将取而代之，成为维护国家安全、改变未来军事博弈模式和战争模式的主力战备。

3.1.1.2 航空探测无人机专用电源

作为无人机的关键系统之一，无人机专用电源是无人机不可或缺的一部分，为无人机的其他系统提供着有效载荷。

现代科学技术的迅猛发展，使无人机机身所携带的电子设备越来越多，功能也在不断升级，这使无人机对于电的需求量也在不断增加。面对这种客观环境所造成的技术难题，传统无人机电源系统的设计，在结构和操作上的程序十分复杂，这种系统易产生强烈的电磁干扰，一方面，使无人机自身所装载的电子系统容易出现失误以至于出现危险的状况；另一方面，对机内其他电子设备的性能和功能的发挥产生不利的影响。因此，在恶劣环境下，一个可靠且具有高电磁兼容性的无人机电源系统对于无人机进行航磁工作是非常有必要的。

目前，无人机的专用电源系统简单实用、运行可靠，而且电压应力比较低，对机内变压器的损耗相对较小。另外，分布式电源系统的设计与应用，满足了当代无人机高效以及大功率密度的要求，尤其是在计算机系统和通信设备的应用中。航空探测无人机专用电源的电路输入输出伴随着能量和隔离的传递，而这种传递是利用单端正激变换器来保障的，这种变换器的功能主要是变换电能，它是开关电源的核心。科研人员研发的变换器是一种有源钳位正激变换器，与以前的正激变换器相比，有源箱位正激变换器能够将储存在变压器漏感中的能量反馈回电源，这种通过一个辅助开关来进行的过程能使主开关的电压应力减小。较之传统的技术，有源钳位变压器的复位技术具有许多优点，如在零电压下正常开关，减少电磁干扰等。除了变换器上的技术进步外，专用电源的保护电路也拥有技术优势。它通过采用单片机对电路进行保护，能够在蓄电池出现故障时，保证系统的正常运行，两组蓄电池的任何一组发生故障，可以使用单片机控制系统将其切除。目前这种专用电源已被应用于无人机系统的实际运行，对于航磁测量工作的完成和目标的实现提供了坚实的保障。

3.1.1.3　氦光泵磁力仪与超导磁力仪

自从中国古代发明司南这种导航工具以来，磁场探测和测量在人类文明发展史上始终受到广泛关注。而磁力仪作为测量磁场强度大小的一种仪器，它的前身是一个由在空气中悬挂的磁棒研制而成的测磁场，是由数学家、物理学家卡尔·弗里德里希·高斯于 1832 年发明的。之后随着科学技术的发展，不同原理的磁测方法得到推广应用，最终发展成为现在社会中功能多样的磁力仪，如超导干涉磁力仪、原子磁力仪、磁通门磁力仪等。

氦光泵磁力仪作为一种弱磁测设备，其精度和灵敏度非常高，它在地震预报、找矿和生物医学等领域都发挥着重要的作用。它的工作原理是依据元素的原子能级在磁场中发生的塞曼分裂，也就是物理学史上那个著名的塞曼效应实验。这个现象是荷兰物理学家塞曼 1896 年在实验中偶然发现的。即放置在强磁场中的光源，其发光体被磁场作用使产生的光谱发生变化，一条谱线会被分成几条偏振化的谱线，这种现象被称为"塞曼效应"。在"塞曼效应"的基础上，由于特定频率的交变电磁场的作用与影响，光泵作用下排列好的原子磁矩将产生吸收共振作用，从而使原子的排列情况被打乱。最后，由于样品所在区域的外磁场强度与发生吸收共振现象电磁场的频率构成一定的比例关系，根据这一频率的测定结果就可以测出外磁场的值。

上面解释了氦光泵磁力仪的工作原理，与之相比，超导磁力仪的工作原理有很大的不同。它主要依据的是超导效应，即在冷却到一个极低温度值以下时，诸如锡、铅、铌等一些金属的电阻为零，这种现象叫作超导效应。超导效应与磁场之间关系密切，磁场在达到一定条件时能够破坏这种超导的状态。超导磁力仪正是利用它们之间的这种密切关系来观测磁场。

目前，在这两种磁力仪所配套的数据预处理系统开发方面，我国相关科研人员已经取得了重大技术突破，升级后的处理系统能够满足磁补偿、磁场方向计算、梯度计算的需要，也实现了磁通门三轴仪及多路光泵磁力仪的同步测量。另外，他们还研制出低温超导芯片和电路，推动了包括单轴梯度计和三轴磁强计的超导集成组件的研发进程。总之，我国在此领域的总体技术参数已经达到了国际先进水平。

3.1.2 技术方法介绍

3.1.2.1 磁法勘探

磁法勘探也是一种地球物理勘探方法，它主要是根据岩石在磁性上的差异，对这种差异导致的磁异常进行观察和分析，深入探究和揭示矿产资源和地质构造的分布规律。根据磁测所处区域和环境的差异，主要的磁法勘探有：地面磁测、海洋磁测、航空磁测和井中磁测。目前在磁法勘探中，航空磁测占有相当重要的地位，下面将对其进行详细介绍：

3.1.2.2 航磁

航磁是航空磁力测量的简称，是一种重要的地球物理勘探的方法。它的工作原理是在一定的高度上沿着预定的飞行测线，利用机身装载的航空磁力仪对地面的磁场强度进行相对地测量，之后根据测量所得的结果绘制精确的成果图，然后根据现有的关于地质及物探等方面的资料以及岩石和矿石的磁性差异，最终对测量结果进行定量和定性的分析和解释。地球周围空间存在的地磁场分为三类：地磁正常场、变化磁场以及磁力异常场。其中，地磁正常场是由蕴藏在地球深部的强大涡旋电流或巨大磁性物体引起的；变化磁场尽管受到地球外部许多因素的影响，但变化十分微小，在航磁中可设法改正；而磁力异常场作为一种附加磁场，是地磁场对地壳中的含铁磁性地质体发生作用而产生的，也是航空磁力测量的主要研究和测量目标。航磁在地球物探中的作用有许多，它能利用机身装载的磁测仪器对地磁场受到磁性矿产资源影响所发生的微弱变化进行测量，通过结果的信息处理，深入了解地下矿体的空间分布，及时评估磁性矿产资源及其分布概况。因此，相关组织经常将其用来进行矿产资源的查找和筛选。另外，航空磁测的作用还有助于地质构造的研究，能够对各类磁性地质体进行圈定和区分，以及为部门和组织提供相关地球物理资料，等等。

3.1.2.3　航磁补偿

无人机在进行航空磁测的过程中时，由于机身或机舱内或多或少会存在含有磁性的物质，无人机飞行姿态和飞行航向的变化容易产生较大的干扰磁场，从而影响机载高精度磁力仪的最终测量结果。但是这种磁场干扰没有显著的特点，很难被清除。为了保证最终磁测结果的准确性，科研人员们采用了一种能够对这种干扰进行补偿的技术，即航磁补偿技术。

毫无疑问，航空磁测在磁法勘探中扮演着极其重要的角色，在地质构造研究和矿产资源勘探方面，航空磁测的结果将发挥不可替代的作用。在这种情况下，无论是为了保护机载磁力仪这种高精度设备，还是出于消除干扰磁场对磁力仪的测量结果影响的目的，航磁补偿技术的实施都势在必行。如果没有进行航磁补偿，即使使用最精确、最高端的机载磁力仪，所得到的测量结果也不可能完全准确，意味着在这种情况下得到的测量结果失去了参考价值，无法被用来进行科学研究。因此，航磁补偿技术对于航空磁测以及地球物探是至关重要的。

图 3-28　磁干扰软补偿技术和航磁数据处理软件

3.1.2.4　航空物探

航空物探是航空地球物理勘探的简称，也是重要的地球物探方法之一。航空物探是指飞机利用自身载有的专用探测仪器，在空中飞行期间对地球诸如磁场、重力场等物理场的变化进行测量，通过对测量结果的分析，深入了解地下矿藏分布和地质情况的过程。航空物探技术在 20 世纪 30 年代出现，并在第二次世界大战期间发展起来，是一种能够利用遥感技术进行快速找矿和地质调查的物探方法。1936 年，前苏联采用了旋

转线圈感应式航磁仪进行航空物探，这种仪器的灵敏度约 100 纳特；第二次世界大战期间，美国发明了磁通门式的航空磁力仪，灵敏度达到了近 1 纳特。1946 年，这种磁力仪被用于地质勘探领域，不再局限于出于军事目的的海上对敌潜艇的侦察行动中；1950 年，加拿大科学家在 1948 年进行的航空放射性法试验基础上，研制的第一台航空电磁仪试用成功；1955 年，瑞典和美国先后在新式航空电磁仪的试验方面取得成功。在这之后，世界许多国家开发的各种航空物探方法相继出现并得到发展。

我国的航空物探自 1953 年开始，航空磁法是第一个被应用的方法，之后各种方法被陆续应用，并不断进行新方法的发展与突破。另外，我国已经建立了功能齐全的航空物探综合站，并已投入使用。我国始于 20 世纪 50 年代初期的航空物探工作，至今已走过 60 多个年头。目前，这项技术主要被应用于两个系统：一是地质矿产部门，主要进行以各类固体矿产和油气普查以及区域地质研究为主的综合性航空物探工作；二是核工业总部门，主要进行以铀矿普查为主的航空物探工作。

航空物探的方法有许多，常用的方法是航空磁法、航空电法、航空重力法。与传统的地面探矿方法相比，航空物探具有以下优点：它能克服和突破种种恶劣气候条件和地形条件的限制，在诸如高寒地区和原始森林等人力难以到达的地区进行地质调查和矿藏寻找等工作；由于自身具备使用劳力少、速度快、效率高等显著的优势，航空物探能在非常短的时间内完成大面积区域探测资料的获取工作；航空物探能够具体了解地球物理场在不同高度的变化情况，最终为解释地质现象和寻找矿产资源提供巨大的帮助。

航空物探对其所使用的飞机要求非常严格，主要应具备以下条件：机体的体积应较小，整体的性能要非常好；要求飞行速度慢，应控制在

150~200 千米 / 时；在地形复杂的条件下作业，飞机必须满足操作灵活、转弯半径小、攀升性能好及低空和超低空性能好等。另外，如果飞机想达到在指定空间区域中精确扫描飞行的目的，飞机上就应装有导航和无线电定位系统；而为了使磁场、电场以及放射性干扰降到最低，机上应有能够便于安装各类探测仪器的部位。因此，飞机如果想实施航空物探的工作，机身及机舱的结构需要进行专门的设计或适当的改装。

3.1.2.5 航空磁法

航空磁法在航空物探的方法中最常见，应用也最广。它主要用来勘探磁铁矿等具有磁性的矿藏。在使用航空磁法探矿时，飞机的标准飞行高度一般为 50~200 米。航空磁法在地质学领域中应用非常广泛，尤其在以下几个方面中发挥的作用较为明显。

（1）大区域构造研究

在研究程度很低的大面积地区和海上，小比例的航空磁测适用于地质构造的研究。由于许多老变质岩和火成岩自身都具有磁性，因此，通过磁异常场所具有的特征，这些岩石的范围可以被区分并圈定，其中也包括在沉积盖层下伏的区域。这些岩石与矿石的分布、排列与组合具有一定的客观规律，而它们的一些线形特征也比较常见。磁性很小的沉积岩，常与其下面的磁性岩体构成基底。通过对利用航空磁法所获得的资料进行一系列定量计算，最终能够得到关于沉积岩层估计厚度的相关数据，为沉积盆地范围的区分与圈定提供帮助，也为科研人员研究地区地质特点提供参考资料。

（2）寻找金属矿和其他固体矿藏

在航空磁法的应用中，诸如磁铁矿等强磁性矿体的寻找与勘探是体现其作用的重要方面。在几十米到上千米的不同高度飞行作业，面临着几十万吨甚至几亿吨不同规模矿藏的勘探目标与任务，航空磁法在这一过程中发挥了十分重要的作用。虽然航空磁法不能被用于某些矿藏的直接勘探，但利用其优势能够实现对成矿远景区域的快速圈定，然后进行地面磁测的工作。

（3）石油和天然气的普查

采用小比例的航空磁测能够发现沉积盆地和区域构造中的特点，根据这些特点，结合已有的地质资料，可以圈定出富含油气的远景地区。当条件具备时，利用航空磁法进行详细和深入的工作，控制储油构造的二级构造带能够被圈定。如果磁测的沉积岩中含有稳定的磁性岩层，有可能直接发现可能储油和储气的构造。

3.1.2.6 航空电法

航空电法是航空电磁法的简称。它具有许多分类方法，常见的是音频电磁法，有几十种相关的专用仪器。航空电法主要应用于以下几个方面。

（1）各种良导性矿的寻找

具体来说，它主要为寻找铜、锌、铅、钼等金属的硫化矿而服务。但这并不意味着它只能发现矿体，除此之外，利用一些矿体构造，航空电法能够间接寻找诸如铀矿等金属矿。

（2）地质填图和寻找地下水

根据航空电法所得到的测量结果，可以推算出距离地表一定深度内的地下视电阻率图，甚至能够算出几种深度的视电阻率图，这些视电阻率图可以被用来填制相应的地质图，从而为地表覆盖层以下几层的地质情况的研究提供帮助。另外，利用航空电法得到的最终地质图，一方面，能够使地下大片水体、含水的砾石层和褐煤层，以及充填有水的断裂带清晰地显示出来；另一方面，能够为工程地质问题的解决提供参考。

（3）为分辨航磁异常提供帮助

地质体的磁导率是影响电磁响应的重要因素之一。由于矿体一般具有较高的磁导率，而岩体一般具有的剩余磁性较强，因此，有时对强磁性岩体与磁性矿体发生的磁异常会难以分辨，利用航空电磁法解决这一难题比较有效。

3.1.2.7 航空重力法

1957 年，我国航空重力测量开始投入试验，期间遇到了各种各样的困难。首先，须对飞机飞行中产生的扰动进行有效克服。与有意义的重力异常值相比，这种扰动的加速度大 10 万倍甚至 100 万倍。其次，须对厄缶效应进行改正。厄缶效应，即飞机绕地球飞行时产生的离心力变化的现象。这种效应与飞机飞行的航向、速度以及其所处的纬度位置息息相关。例如，在中纬度地区，当飞机以 300 公里 / 小时的速度飞行时，南北方向的厄缶效应改正值约为 130 毫伽，而东西方向的厄缶效应改正值约为 1000 毫伽。另外，我国早期的航空重力法成本比较高，而观测精度比较低，无法进行大面积的推广与应用。

进入 21 世纪以来，我国电子和计算机技术、航空技术以及地球勘探物理技术得到了飞速发展，航空物探技术在仪器设备、方法技术、成果解释和服务范围等方面，都得到了提高和发展。作为航空物探方法的重要一员，航空重力法也得到了巨大的发展与提升。目前，半航空的方法已被我国熟练掌握，它主要利用直升飞机将海底重力仪悬挂在已选定的测量点上，然后将重力仪吊落到地面进行读数。这种方法在海滨、湖滨、沼泽等地区的试用成效显著，将来有望应用于广袤无垠的沙漠地区。

3.1.2.8 磁补偿

航空物探的核心，即搭载有相应地质仪器的飞行器，在空中飞行的过程中对地下进行磁测，通过分析飞行器飞行过程中反馈的磁力数据来分析研究飞行所在区域地下的地质情况。这些仪器所获取的数据是通过接受地下的磁力信号来进行收集和记录的，但飞行器的在飞行的过程中，由于其自身的材质或所载装备中存在含有磁性的物质，飞行器在改变航向的飞行作业中容易产生较大的干扰磁场，从而影响所载磁力仪的测量结果，最终导致数据失真，阻碍了航空物探的完成和地球物探的研究。为了解决这一客观难题，科研人员采用科学的手段与方法来测量结果和进行数据修正，这种手段与方法也就是所谓的磁补偿。

1944 年，任职于美国海军部门的托尔斯和罗森最早发表了磁补偿成果，起初是为了解决潜艇探测过程中引起的磁异常问题，之后的磁补偿工作一直沿用他们建立的模型。1961 年，Leliak 对该模型进行了理论上的论证，认为其适用于不同结构的飞行器；1979 年，Bickel 研究分析了该模型算法本身存在的误差；1980 年，Leach 将模型补偿系数求解过程类比为解线性方程组的过程，而且对求解出的系数的稳定性做了分析与研究。1995 年，托尔斯发表了磁补偿相关的专利，他刚开始研究发表的是一种硬补偿式的磁补偿器，主要是通过将在机翼等部位测量的磁场强度信号设置为线圈的输入信号，构成一种反馈控制回路，从而使线圈产生一种补偿磁场来消除飞机的干扰磁场。托尔斯和罗森将与飞机机动有关的飞机磁场分为感应磁场、剩余磁场和涡流磁场，提出了一种与飞机机动相关的干扰场模型。进入 21 世纪以来，随着科学技术的发展以及国际高精度航磁探测领域研究的深入，磁补偿工作也经历了不断的改进与发展。

我国的磁补偿工作最早开始于 20 世纪 60 年代后期，作为我国承接航磁物探飞行任务的主要单位，航遥中心在学习和吸收国外磁补偿领域技术和经验的基础上，研制出了一种称为 CB-1 型的电子补偿方法，它主要是针对稳态补偿八项补偿系数而发明的。1983 年，吴文福教授在操作"海燕"机所载高精度航磁仪的过程中，对过去我国的磁补偿器进行了改进，使之能够达到高精度磁测的要求。随后，航遥中心根据国外先进的补偿设备，又自主研发了一种称为 CS–1 型的自动数字航空磁补偿仪。

常规磁补偿通常有硬磁补偿与软磁补偿两种途径。硬磁补偿是通过装载硬件专业仪器来减少飞机自身磁力对仪器的影响，而软磁补偿与其工作原理有很大不同。从上文可知，由于飞机自身材料以及机械带有磁性，加之机体的设备朝向与快速运动，使产生的干扰磁场对测量数据产生巨大影响。大地的磁力数据在相近时间的同一高度上是恒定不变的，但对仪器的影响是不可重复的。通过不断重复同一补偿飞行动作收集多次信号进行对比，最终能够利用科学的计算对这些干扰信号导致的数据偏差进行过滤。另外，无人机磁补偿与常规磁补偿也有很多的不同。由于载重限制，无人机不能装载磁补偿仪器，而且无人机的飞行动作由于受到地面工作人员的操控，固定翼无人机几乎都无法完成在有人机上容易实现的补偿飞行动作。鉴于以上原因，固定翼无人机磁航探测的磁补偿工作需要通过软补偿的手段来进行，即相关科研人员通过借鉴有人机航空物探的软磁补偿手段，对数据进行后期过滤从而实现无人机磁补偿。

无论是常规磁补偿中的硬补偿与软补偿，还是与之有很大不同的无人机磁补偿，都是航空物探领域的重大技术突破，是世界科研人员多年来在磁补偿工作研究方面的心血与成果的浓缩，推动了航空物探技术的发展与进步。

3.1.3 应用与发展

进入 21 世纪以来，随着经济的飞速发展，我国现有资源已经远远满足不了社会经济发展的需求。多年来，我国资源一直处于供不应求的紧张状态，因此，新的矿产资源的勘探成为这些年国家建设中极其重要的发展规划。然而，我国地域辽阔，地形和地质条件非常复杂，很多建设急需的矿产资源大多分布在人迹罕至、交通闭塞的山区、峡谷等区域。由于山区地形复杂，交通不便，往往导致地下物理勘探工作很难开展，尤其是在复杂的地形条件下进行物探数据的获取时，专业的飞行器缺少合适的飞行平台，成为制约我国物探事业发展的主要"瓶颈"之一。与有人驾驶的飞机相比，无人机自身技术具有的特点拥有很大的优势，也能够满足物探领域的技术需求。因此，在国际航空物探的飞行平台领域，从传统的有人机向无人机发展已成为趋势所在。另外，近年来我国在航空物探相关专业测量设备的研制方面取得了重大突破，设备的性能参数也几乎都达到了标准要求。这样的成果使无人机在地球物理探测的应用领域所受到的限制大大减小，为无人机开拓了非常广阔的应用前景。

3.1.3.1　无人机在地球物理探测中的应用与发展

在地球物理探测中，无人机作为一种采集空间位场数据的重要手段，能够在复杂地形条件下，实现高精度、高效率的作业，从而对地下位场场源的分布规律进行揭示。无人机通过搭载诸如磁力仪、重力仪、放射性探测仪、重力梯度仪、电磁线圈等不同的任务载荷，能够完成无人机航磁、航空电磁等地球物理探测的应用任务。无人机物探技术作为国际的研究热点和前沿技术，目前，国外也只有美国、英国、加拿大、德国、以色列、法国等少数发达国家掌握此领域的核心技术。

（1）国外无人机主要应用与发展

国外无人机技术的研究起步较早，迄今为止，无人机已走过近百年的历程。目前，国外已将无人机技术应用于地球物理探测的各个领域，并取得了良好的研究和应用效果，极大地提高了国外相关领域的科研质量，推动了国外相关领域的科研步伐。

由于无人机在航空物探技术领域的比较优势十分明显，因此，进入21世纪以来，国际上许多发达国家都相继投入大量的科研资源，在无人机航空物探的装备技术研发领域取得了大量的成果。例如，2003年，英国 Magsurvey 公司研发了 PrionUAV 无人机航磁系统；2005年，芬兰赫尔辛基的放射及核能安全委员会研发出了一套先进的 Patria mini—UAV 无人机放射性监测系统；2009年，加拿大卡尔顿大学研制了 Geosurv 无人机航磁系统；2012年，日本自主研发了其本国的无人直升机航磁系统，等等。这些无人机航空物探设备的研发与应用，推动了国际航空物探领域技术的整体发展与进步，也推动了无人机在其他应用领域的科研步伐。总体而言，国外的无人机航磁技术在航空物探应用领域已经比较成熟，但在一些精度与效率要求非常高的应用领域，目前无人机的相关技术还无法满足其要求。因此，未来国际无人机的发展与应用任重而道远。

（2）国内无人机主要应用与发展

众所周知，由于我国无人机在地球物理探测领域的发展与应用起步较晚，目前相关技术装备方面与国际顶尖技术水平之间还具有很大的差距。随着资源和能源在我国国家战略中的地位越来越高，实现我国自有能源的勘查和储备工作也越来越受到国家相关部门的重视。目前，我国对于无人机技术在资源探测方面的应用给予了很高的关注，支持力度正在不断加大，并在相关领域已取得了较大的进展。2010年，小型无人直升机探矿技术这一研究项目，在时任中南大学教授的何继善院士领导下顺利完成，为我国铁矿石来源的补偿提供了巨大的技术支持。该无人机能够装载质子旋进磁力仪，可以对地面下的铁矿进行深入探测并取得良好的效果。由于无人机能够在复杂的地形条件下正常作业，同时具有效率高、速度快、无人员安全隐患等特点，所以，小型无人直升机在山区探矿的过程中能够发挥非常重要的作用。2011年，SinoProbe-09-03项目组在研制固定翼无人机航磁探测系统的过程中，对载有航空磁力仪的固定翼无人机进行了成功试飞，并取得了良好的试验数据。SinoProbe-09-03项目组旨在开发属于我国自主专利的高低空固定翼无人机航磁探测系统，重点攻关固定翼低磁无人机、磁干扰补偿、核心传感器及系统集成等关键技术领域。这套系统的研制成功，能够为我国地球深部探测和矿产资源勘探提供一种安全高效的探测工具，提升我国在相关科研领域的国际水平和国际地位。

（3）地球物探应用领域的无人机类型

目前，在地球物理探测应用方面，常见的主要无人机类型有三类，分别是固定翼无人机、旋翼无人机和无人飞艇。其根本的差异在于机体产生升力的方式，而这三种无人机各有其优缺点：

①固定翼无人机。这种无人机的优点在于飞行速度快且具有良好的稳定性，因此，它一般被应用于平坦区域资源的勘探。但由于其最小飞行速度较之其他无人机一般都偏大，使它无法满足那些要求低速飞行进行探测的任务的需要。

②旋翼无人机。这种类型大多是指无人直升机，它的优点在于能够低速飞行，甚至可以实现机体的空中悬停，因此，它在大多数情况下被用于执行复杂地形下跟随地形进行低速飞行的探测任务。但由于它在飞行过程中机身的振动幅度较大，导致要求机载探测仪器的抗震性能要非常好，从而增加了探测任务的难度与成本。另外，旋翼无人机的续航时间也比较短，不适合长时间作业。

③无人飞艇。这种无人机的优点在于：能够在风速较低的高空平稳地飞行；由于其自身具有一定的浮力，飞机在空中飞行或悬停时所需的动

力输出非常少；耗能少导致其续航时间比较长；适用于长时间的低速物探作业。它的主要缺点有：机身体积大，使得环境气流对其影响较大，导致抗风能力较差；自身具有的惯性较大，使得受控后需要较长的反应时间。

以上三种不同类型的无人机在地球物探应用领域十分常见，在实际勘探过程中，由于三种无人机具备自身的特点，根据技术指标和勘探环境等因素的不同，科研人员可以选择合适的无人机平台来进行航空探测的作业，也可以同时使用不同类型的无人机进行优势互补，这样既可以提高航空探测的效率，也可以为勘探任务完成的质量提供保证。

》3.2　课题的发展与应用

3.2.1　国外相关领域的发展现状

无人机航磁探测系统作为一种高科技的探测手段，能够在高危环境和复杂地形条件下对空间位场数据进行高精度与高效率的采集，有效揭示地下磁场的场源分布规律。作为一种前沿技术，无人机航磁探测的关键核心技术目前被包括美国在内的极少数发达国家所掌握。少数几个发达国家在无人机航磁探测领域已建立起相当完备的技术体系，工程化和实用化程度也非常高，能够完成信息采集、处理到解释与应用的整个流程，有效地解决了在实际实施过程中存在的许多问题及难题。

由于这一技术具有很大的军事应用潜力，因此，国外尤其是少数几个发达国家在系统的关键技术方面，对我国实施了严格的技术封锁。尽管它们在磁补偿器、航空磁力仪等一些低端设备的销售方面对我国实行开放政策，但却严格控制着核心技术和集成系统整套装备的对华输出。

3.2.2　国内相关领域的研究现状

SinoProbe-09-03是国家深部探测技术与实验研究专项的第九个项目

下的第三个课题。课题组旨在针对我国深部科学探测和矿产资源勘探的需求，自主研制一套高低空固定翼无人机航磁探测系统，重点攻关固定翼低磁无人机、磁干扰补偿、核心传感器以及系统集成等关键技术领域，使我国在这套完整的技术装备系统的研制方面拥有自主专利权，从而缩小与国外相关研究领域之间的差距。其中，最主要是研制完成低空固定翼无人机航磁探测的整套装备和高空无人机航磁探测系统。低空固定翼无人机航磁探测整套装备的研制主要有四部分组成，分别为：新型磁力仪研制、固定翼无人机搭载平台研制、系统集成及应用示范。高空无人机磁测系统的研制主要分为系统优化高空无人机的选型、改装和调试。

我国在无人机航磁探测系统研发领域起步较晚，加之几个发达国家长期对此领域核心技术的绝对垄断与禁止对华输出，我国在此领域的科研难度不言而喻。因此，虽然我国在此领域已经取得了相当多的成果，在许多方面的研究都达到了国际先进水平，但我国的整体科研水平还比较低，未来在无人机航磁探测系统等一系列高端技术研发领域仍任重而道远。

》 3.3 成果与贡献

3.3.1 团队贡献

SinoProbe-09-03 是由中科院遥感与数字地球研究所研究员郭子祺带队组成的课题组。多年来，经过课题组成员的通力合作与不懈努力，课题取得了一系列举世瞩目的成果。例如，课题组通过研发用于航空的超导磁力仪样机和氦光泵磁力仪，掌握了传感器研发的核心技术；课题组研制的无人机自控飞行系统和低磁无人机探测集成系统通过了飞行测试，整机性能达到了实用的要求；课题组圆满完成了超导无人机装配和高低空无人机航磁探测系统的性能测试，且性能指标与国际前沿水平十分接近，等等。

3.3.2 成果纵览

2015 年 5 月 6—7 日，由黄宗理研究员为组长，来自国土资源部、中科院、中国地质科学院、国土资源航遥中心、吉林大学、中国地质大学的若干院士、专家、高级经济师组成的专家组，在河北保定江城机场组织有关专家对"固定翼无人机航磁探测系统研制"课题 2010—2012 年的研发成果进行了结题验收。专家组对研制的无人机航磁系统进行了现场测试，并对部分样机进行了试飞，之后听取了课题组的研究工作汇报，并对课题成果报告及相关材料进行了认真审阅。最终经过认真讨论，专家组成员一致认为：课题组经过多年努力，研制的高低空固定翼无人机航磁探测系统已具备完全自主知识产权。经过野外实际飞行实验和一系列性能测试，获取到的有效航磁测线共达 8775 千米，完成的能够验证航磁数据的高精度地面磁测达 8 平方千米，达到了项目任务书的要求。

3.3.2.1 装备技术方面的成果

多年来，经过成员的通力合作与不懈努力，课题组在装备技术方面取得了一系列举世瞩目的成果，推动了我国无人机航磁探测研究领域的发展，提升了我国的国际科研水平和科研地位。主要的成果有：

（1）通过小型化、低功耗和高集成度的技术集成，研制出了高低空两类新型无人机航磁探测装备，其具有高效率、高精度及低成本的特点。这一成果获得了多项发明专利，拥有完全的自主知识产权。

（2）在智能化无人机飞行平台研制的关键技术方面攻关成功，研发出了性能稳定可靠的无人机物探飞行平台，满足了我国在复杂地形条件下进行航空物探的要求。

（3）在数据预处理系统开发领域取得了重大的阶段性突破。这种系统是由低磁无人机制作、氦光泵航空磁力仪、超导航空磁力仪以及高可靠性自驾导航仪研制进行配套的，这一成果意味着我国在无人机飞行平台、高精度航空磁力仪、自动控制与导航仪和运动平台的磁补偿技术等几个关键核心技术的研发方面已具备了进军国际相关领域先进行列的产业基础。

（4）研制出的航磁张量探测系统达到了多探头、多分量的世界领先水平，打破了发达国家的技术垄断，满足了我国地壳深部探测和矿产资源详细勘查的重大需求。

（5）在磁补偿、核心磁传感器等方面取得了重大的科研突破，研制出了能够在大的工作范围内进行快速取样的智能化航空氦光泵磁力仪，这种磁力仪不仅具有高分辨率、高灵敏度以及高稳定性的"三高"属性，而且具有低功耗的显著优点。另外，在其他关键仪器部件的研制上也取得了技术突破。

（6）研制出的低温超导SQUID芯片和电路，其总体技术参数达到了国际先进水平，为包括单轴梯度计和三轴磁强计的超导集成组件的后期研发奠定了技术基础。

（7）实现了多路光泵磁力仪与磁通门三轴仪的同步测量，满足了磁补偿、磁场方向计算以及梯度计算的需要。

（8）在"一站三机"无人机高效航磁探测控制系统研制方面取得了重大的技术突破。另外，对一站多机的管控技术进行了发展和升级，实现了一组人员使用一套通信设备对多架无人机同时作业进行同时控制和管理。

（9）研制了具备良好稳定性和可靠性的低温超导无人机航磁探测系统，并装载在无人机上进行了成功试飞。

（10）采用微处理器代替硬件闭环，简化电路，提高系统的精度和灵敏度，实现了航空氦光泵磁力仪小型化，适用于无人机飞行平台上的应用。

（11）研制了高低空无人机搭载平台和类型多样的航磁探测设备，

满足了复杂地形条件下作业和空域探测的需求。

（12）自主开发的无人机自动飞行控制与导航系统，具有高精度、高稳定性、高效率的"三高"特点，提高了无人机整体系统的适应性、安全性和可靠性。

3.3.2.2　应用实验方面的成果

"高空无人机航磁探测系统研制"是 SinoProbe-09-03（"固定翼无人机航磁探测系统研制"）的研究专题之一。在系统研制的过程中，作为地质矿产保障工程专项"航空地球物理调查"计划项目的子项目之一的"无人机航磁测量系统研制与试验"项目为课题提供了巨大的帮助。本课题研发了一套高性能的高空无人机航磁探测系统，这套系统不仅能够帮助高空无人机飞行平台通过航磁探测对深部地质构造进行研究，而且能够使高空无人机在高海拔地区顺利开展航磁地质调查工作。

3.3.2.3　学术方面的成果

截至 2015 年，课题组已发表论文 47 篇，其中，期刊论文 15 篇，会议论文 32 篇；申请专利共 35 项，授权 18 项，其中，授权发明专利 5 项，外观设计 6 项，实用新型 7 项；获得软件著作权 11 项；培养研究生 14 人。这些指标远超过任务书的要求。

》3.4　意义——"史无前例"

3.4.1　突破了技术"瓶颈"和客观难题的限制

"固定翼无人机航磁探测系统研制"课题组取得了一系列的成果，相较于过去，我国在相关领域的研究，这些成果中的技术与装备实现了重大的突破，解决了长期阻碍地球物探科研的客观难题，为项目的推进与深入做出了巨大的贡献。这些突破主要体现在以下几方面：

3.4.1.1　无人机航磁探测具有明显的优势

和过去的航空物探相比，课题组的航空物探最明显的突破就是运用无人机进行勘探工作。与依靠有人驾驶的飞机和载有工作人员与仪器的飞机相比，无人机在航空物探中的优势十分明显，主要体现在：

（1）无人机可以重复在同一地区进行长时间和低能耗的枯燥飞行，它不仅能够圆满完成其所承担的枯燥的驾驶任务，而且也不存在由于疲劳驾驶所造成的安全风险问题。

（2）无人机可以轻松完成长滞空时间的高风险航空物探任务。由于受到仪器等设备的技术限制，在地形复杂的山脉或丘陵地区，航空物探需要飞行器做到低空飞行，以达到尽量接近地面收集数据，保证数据真实性的目的。这样的高难度任务伴随着高风险性，对有人驾驶飞行中的飞行员而言，需要较高的技术，同时也具有一定的安全隐患。使用无人机进行作业避免了可能存在的安全隐患。

（3）在低于100米的超低空或海上进行航磁测量时，无人机能够大大降低人员的安全风险，这是传统有人驾驶的飞机远不能及的。

（4）固定翼无人机航磁探测系统较之以往的航空物探，具有速度快、效率高的特点，尤其是一组工作人员可以同时控制和操纵多架无人机协同作业，从而极大地提高了航磁测量的效率，对于地球物探的科研有着巨大的促进作用。

（5）大多无人机都具有良好的灵活性和较长的续航时间，有利于快速部署和提高测量效率。

（6）在飞控的控制下，无人机能够按照规划好的航线进行自主飞行测量，飞机飞行的精度远高于传统飞机，发生偏离的概率非常低。另外，它可在干扰较小的夜间实施高质量的数据测量。

3.4.1.2 固定翼无人机的装备仪器研制实现突破

只有装备相应的探测仪器,用于地质勘测的固定翼无人机才能发挥其作用。该项目在装备仪器研制方面实现的突破主要有:

(1)在过去航磁探测中存在的许多"瓶颈"问题上实现了突破,尤其在低磁无人机制作、高可靠性自驾导航仪研制、氦光泵磁力仪与超导航空磁力仪研制以及配套的数据预处理系统开发等方面均取得了重大科研进展。

(2)研制的固定翼低磁无人机以及与之相配套的自动驾驶导航仪,使无人机在复杂地形条件下进行智能化操作时更加稳定和可靠。

(3)研制出了高低空固定翼无人机航磁探测系统,通过对地下磁场场源分布状况的揭示,从而发掘矿产资源分布和深部构造的规律。这在客观上满足了我国深部科学探测和矿产资源勘探的大面积和高效率勘探的需求。

(4)自主研发了智能化固定翼低磁无人机搭载平台、磁干扰补偿、核心传感器以及数据处理系统等一系列关键技术,集成了一整套智能化航磁探测装备,为复杂地形或无人区进行高精度和高效率探测任务提供了巨大的帮助。

3.4.1.3 无人机物探勘查改装技术取得关键突破

通过大量的计算、模拟和分析,项目的科研人员在我国原有彩虹 3 长航时固定翼无人机平台的基础上,将无人机综合测量系统的外形及布局设计成了气动式。这种设计不仅提升了无人机飞行的安全性和气动的稳定性,而且也满足了航磁和航放设备搭载的需求。另外,课题组在高精度 DEM 数据的基础上研发出了无人机的三维航迹规划技术,突破了无人机超低空地形跟随飞行的技术限制,攻克了无人机超低空飞行进行航空物探测量的技术难题,从而完全掌握了高精度飞行控制技术,为我国地壳深部探测和矿产资源详细勘查提供了技术支撑。

3.4.1.4　集成了适于无人机搭载的航磁仪器系统

这种航磁仪器系统的装备与技术集成主要包括：集成研发了高度集成化的航放测量仪器系统；针对有人机与无人机在机动控制方面的差异，制定了一套适用于无人机的磁补偿方法，攻克了无人机在磁补偿过程中机动动作不规范等技术难题；在无源自动稳谱技术上实现了升级和突破，去除了原有的晶体恒温装置，从而大大降低了无人机的供电和商载需求；研发了数据链路接口转换软硬件及测控软件，解决了航磁仪的遥测遥控问题；研发了拥有自主专利的高度集成化航空伽马数据采集模块和遥测遥控软件，从而实现了国内首套适用于无人机的无源自动稳谱航空伽马能谱仪的成功集成。

3.4.2　填补了国内无人机航磁领域技术和装备的空白

多年来，经过广大科研人员的通力合作和不懈努力，我国在无人机航磁研发方面取得了举世瞩目的成果，这些成果有效地填补了我国无人机航磁领域技术和装备的空白，推动了我国航空物探事业的发展。这一成效可以从以下几方面中体现出来：

3.4.2.1　无人机航磁测量系统的研制

基于高空无人机平台的任务载荷、供电能力、任务舱结构布局等具体指标，项目组采用数字化技术设计和研制了重量轻、体积小、功耗低以及集成度高的整套系统。这套系统包括航空氦光泵磁力仪与磁补偿仪，适用于航空磁测任务的系统研制，其中的一些关键测量仪器在重量和体积方面满足了改制无人机的载荷要求，在功耗方面满足了无人机供电负载要求，同时采用数字化技术进行设计，能够提高整套系统的精度和灵敏度，使系统更加稳定可靠。

3.4.2.2 高空无人机平台的改制

高空无人机平台改制的工作原理及流程是：通过对其他航磁测量系统飞行平台改装技术进行借鉴，加之对所改制无人机的磁场进行详细分析，结合航空物探测量的特点，对无人机的起落方式、结构以及飞控性能进行改进。通过改制，无人机在高空进行航磁测量造成的各种干扰大大减少，满足了航磁测量的需求。改制的无人机系统主要由飞行平台、数据链和地面指挥控制站组成。

3.4.2.3 高空无人机航磁探测系统的集成与静态测试

高空无人机航磁探测系统是由无人机平台和用于航空磁测的任务设备集成的。科研人员对集成系统的重量和重心、定位精度、系统静态噪声、收录系统稳定性等多项重要静态指标进行测试，最终系统的这些指标均达到实用要求，可以安全可靠地用于航空磁测的任务。

3.4.2.4 高空无人机航磁探测系统的试验飞行

这种试验飞行包括无人机性能试飞、飞机磁干扰场补偿试飞、面积性试飞、剖面重复线试飞等多项试飞内容。其中，通过无人机性能试飞，系统的飞行升限和续航能力得到了有效检验；通过磁补偿和面积性试飞，获取了高质量的实测数据，这些数据均优于技术规范的标准要求，全面检验了系统的性能；重复线试飞中所获取的数据表现出了良好的重复性，这种重复性表明在实际飞行测量任务中系统具有很好的复现性、可靠性和稳定性。

以上几个方面研制与试验的成功，满足了我国当前进行高空无人机航磁探测的技术与装备的要求。尤其是课题组根据高空航磁测量需求，选定高空无人机飞行平台并进行适应性改制，利用飞行平台研制专用磁测任务设备开展了一系列航磁探测系统的集成和测试，并进行

高空无人机航磁探测系统野外试验飞行，各项性能指标达到实用化要求。这充分说明，课题组研制的固定翼无人机航磁探测系统达到了新时期我国无人机航磁探测的具体要求，在灵敏度、安全性和稳定性方面达到了专业标准，使我国无人机航磁领域摆脱了过分依赖国外技术的尴尬局面，填补了我国在使用高空无人机作为飞行平台进行航磁测量的技术空白，是我国无人机航磁研究史上光辉的一页，属于无人机航磁技术史上的里程碑。

另外，课题组研制的高空长航程无人机航磁探测系统可实现长距离远程测量，能够在进行深部探测、解决深部地质构造问题、获得理想区域磁异常等方面得到广泛的应用。同时，高空长航程无人机航磁探测系统可在不同海拔高度地区进行航磁地质调查，尤其在高海拔地区，可实现采用无人机平台进行航磁测量，对现有航磁测量系统种类进行有效补充，为地质矿产保障提供新型勘查系统装备。这很大程度上解决了长期以来困扰我国地球深部探测领域的许多客观难题，使我国的地球深部探测项目能够在一些复杂地质带得以顺利开展。因此，固定翼无人机航磁探测系统使我国地球深部探测项目迈出了坚实的一大步。

3.4.3　实用化为无人机航磁开辟了广阔的应用前景

2014 年，在克拉玛依低山地区，"基于无人机的航空物探（电 / 磁 / 放）综合站测量技术研发与应用示范"项目组圆满完成了高精度无人机航磁、航空（磁 / 放）试生产任务，有效测线将近 14000 千米，在磁放综合站的升级改造、技术方法研发以及试验示范等方面取得丰富的成果。具体的成果如下：

3.4.3.1　综合站基本实现实用化

通过对无人机的装备与技术进行优化改进，升级改造了彩虹 3 无人机航空物探（磁／放）综合站，增强了综合站对复杂地形和气象条件的适应性，使其基本实现实用化。综合站首次在海拔 400~1100 米的克拉玛依低山地区开展了高精度的航磁及磁放综合测量，并在多种复杂气象条件下进行了应用试验，采集到的野外资料达到了一级水平。

3.4.3.2 综合站的探测效率和稳定性得到了检验

项目组在野外进行了 90 多天的连续作业，无人机飞行大约 135 小时，稳定可靠地完成了飞行任务且未出现系统故障，最终其续航总里程超过了 25000 公里，有效测线达到了约 14000 千米。另外，在试生产的过程中，综合站创造了一系列测量飞行纪录，测量的效率和稳定性得到了验证。

3.4.3.3 综合站勘查技术更加成熟

在试生产的过程中，加强了夜航探测试验示范，获取了高质量的测量数据，创新了航空物探勘查模式。

3.4.3.4 验证了对无人机水平磁梯度测量的可行性

综合站开发了水平磁梯度测量技术，并在克拉玛依试验区开展了一系列应用试验，在试验中获取了大量有价值的实测资料，为继续科研奠定了基础。

这种项目的实施与野外实验锻炼了科研队伍，培养了专业的技术人才，提升了我国无人机航空地球物理勘查系统自主研发的能力和水平，促进了我国航空地球物理技术装备的发展，为我国固体矿产资源勘查和油气资源的调查与评价提供了一种新的高效率、实用化的技术装备和方法。这种系统实用化的背后，更意味着我国无人机航磁系统研制已经取得了实质性的成果。一方面，这种成果能使相关的技术装备投入生产，进入市场，为我国地探领域科技发展与进步做出巨大贡献；另一方面，野外的连续作业与实验，使系统的测量效率得到了有效检验，这意味着这套系统不再局限于为地球深部探测领域服务，它也将能够被运用于农业、军事、航天等领域的研究与发展。这标志着我国自主研制的无人机航磁及磁／放综合测量系统基本实现实用化，这种实用化为固定翼无人机航磁系统开辟了广阔的推广与应用前景。

第四章

开启地球深部的钥匙

1　无缆自定位地震勘探系统

》1.1　地震勘探的定义

地震勘探，是人类通过自主创造地震波，通过观察研究地震波反射回的地质信息来研究地球内部的地质构造和矿藏，是一种地球物理勘探方法。地震波在地球内部传播时，会根据地球内部不同的地质类型反射回不同类型的地质信号，通过对不同地质信号的研究，就可以对地球内部进行地学研究。这种勘探技术得到广泛使用。

在石油勘探领域，国外 90% 的油气资源是通过地震勘探所发现的；我国已发现的油田中，大部分是采用地震勘探技术探明的。地震勘探技术之所以受到各国的喜爱，原因在于它具有勘探深度大、精确度高、分辨率强等特点。

图 4-1　地震勘探

　　野外数据采集、室内资料处理和地震资料处理是地震探勘的三个阶段。通过分析、处理在野外数据采集阶段获得的原始数据，根据不同的矿藏和地质结构对地震波的吸收、反射和折射的不同，可以推断地球的结构特点并探明矿产资源。野外数据采集过程中一个必不可少的仪器就是地震勘探仪器。人工创造地震波和记录返回的各种地震波，这两项活动是地震勘探仪器的主要职责。在地震勘探中，地震勘探仪器具有基础性的作用，地震勘探仪器性能的好坏会直接对地震勘探的每个过程产生影响，地震勘探仪器收集的原始数据质量的高低会直接影响后续的资料处理和资料解释阶段。

　　在野外作业时，安置多个检波器来接收地震波信号是地震数据野外采集的主要任务。每个检波器组都有一个大脑，就是组成检波器组的单个检波器。单个检波器的功能在于精确地接收到信号，接收信号的主要工具是放大器和记录器，为了使单个检波器能够很好地收集信号，沿地震测线等间距地布置检波器，是人工数据收集工作时的基本要求。端点放炮排列和中间放炮排列是不同检波器组之间的主要排列方式，不同的排列可以适应各种不同要求的地震勘探。人工地震勘探有不同的技术，在实际操作中，最受欢迎的技术手段是一维勘探、二维勘探和三维勘探，根据任务的目标和不同的地质，需要运用不同的勘探方法。在一口井中，根据井中不同的深度，由深至浅地安装不同的检波器对地下情况进行观测，每当改变一次检波器的深度，就在井口放一炮，检波器记录地震波由开始引爆至感受到信号的时间的勘探技术称为一维勘探。沿一条水平线排列不同的检波器，并按一定的规则将炮点与多个检波器相连接，以实现数据的收集，这种勘探方法是二维勘探。三维勘探是指在一定的面积内通过在多条测线上布置检波器来收集数据，地层剖面图是三维勘探所获得的结果。

野外所收集到的地震原始资料是人类数据处理的结果，是地震数据处理的主要产物。将剖面图或地震构造图与钻井资料和测井资料相结合并进行分析，可以为地下岩层的构造，及地下资源的储存情况、油水分界及油气预测提供支持。地震数据处理有两个重要目的：一是实现准确的空间归位；二是削弱干扰、提升分辨率、提高信噪比。数据运算是地震数据处理的一个关键环节，数据运算质量的高低取决于运算工具的质量，目前，世界在地震资料数字处理上最有实力、最有竞争力的国家就是中国。我国拥有复杂的软件系统用来处理常规的地震数据和先进的快速电子数字计算机处理中心来精确地算出地震中的数据。

地震资料的解释包括地震地层解释、地震烃类解释和地震构造解释。地震构造解释的主要研究对象是水平叠加时间剖面和偏移时间剖面两个剖面，以这两个剖面为基础来分析波剖面上的各种特征，对比定位并确定反射标准层的位置最终绘制出地震标准层的构造图。时间剖面是地震地层解释的主要资料，通过对时间剖面的分析可以进行区域性地层研究和局部构造的岩性来分析其中的变化。地震烃类解释是指利用频率、反射振幅和速度等地质信息结合钻井资料与测井资料，对可能含油气地区进行烃类成分分析。烃类主要指由碳和氢原子构成的化合物，如甲烷、打火机油等。

反射法、折射法和地震测井三种勘探方法，是地震勘探中时常应用的方法。在海洋和陆地上经常使用折射法和反射法这两种方法。在找寻高度特殊的地层以及在研究很深或很浅的界面时，反射法没有折射法那么有效。在应用折射法时，需要严格的操作条件，如上层波速小于下层波速，所以在实际应用中，折射法的应用范围受到严格的限制。

记录数据的方法中，有一种方法叫作反射法，是指利用反射波的波形来进行数据记录。人工方法激发地震波的类型主要有纵波和横波两种，纵波和横波普遍存在于自然界中。地震波在传播过程中，它的量会出现不同的变化，有一部分会透过地质界面继续传播下去，而另一部分会被反射回来，地震波穿过不同的岩层界面时，根据岩层的不同性质会发出不同的信号。地层面、不整合面和地下的断层面是会产生反射波的三个层面。在地震波沿地表传播的过程中会产生各种杂乱和干扰反射波的信号，我们将其称为噪声。为了减少这种噪声，在收集过程中可以用单个检波器代替检波器组合以达到降低噪音的效果，或者用单个震源代替组合震源。

常见的地震勘探方法中，还包含一种经常用到的方法——折射法。在地震波的传播过程中如果覆盖层的波速小于地层的地震波速度，那么在两者的界面可以形成折射面。折射面的深度决定了折射波的到达时间，其斜率取决于折射层的波速。地震测井是直接的测定地震波速度的一种方式。地震测井是指直接将检波器植入钻探钻孔里，假如震源刚好位于井口附近，则可以通过检波器来测量井深和时间差，最终人工计算出地层中地震波平均速度和某一深度区间的层速度。

震源、地震检波器和地震仪是地震勘探仪器的三个组成部分。其中震源的主要作用在于人工自主创造地震波；地震检波器的功能是清楚地接收地震波并把它精确地转换成电信号；地震仪的功能是对地震电信号波进行过滤并放大，然后再把它记录下来形成野外地震记录。目前，国际上主流的地震勘探仪器，主要是传统的有缆地震勘探系统，这类地震勘探仪器有诸多不利因素，如体积笨重、检修复杂、复杂地形施工困难、不支持超远道距、长时间监测难度大等。针对这些缺点，国际上开始无缆地震勘探系统的开发研究工作。我国自行研制的无缆自定位地震勘探系统，借鉴国际最新研究结果，采用无缆化设计，摆脱了有缆地震仪链接电缆的束缚，利用GPS高精度授时同步及精确定位技术可实时监测仪器工作状态，有利于各种复杂地理、地质环境下作业。由我国自主研制的无缆自定位勘探系统，它的主要特色有：不受地形限制、不用定位测量、不受道数和时间限制；主要优势有：低噪音实现数据采集、地震数据采集时实现全网同步、精确定位空间位置、可靠存储大容量地震数据、野外数据采集现场质量监控、多种震源兼容。

》1.2 地震勘探的意义——人类新超越

知识就是力量。人类凭借着自己科学研究的成就，自由地徜徉在地球这片神奇的土地上，不仅可以上九天揽月，还可以下五洋捉鳖。即使人类迄今对地球钻探的最深记录是由卡塔尔创造的，但我们却能够在没有样本的情况下，对地球内部的构造、形态、性质甚至内部的演化过程都有着基本的认识，这些认识的取得都得益于地球勘探技术的应用。通过地球勘探的深入进行，我们可以对脚下这片土地有更加深刻的认识，从而更好地利用它。

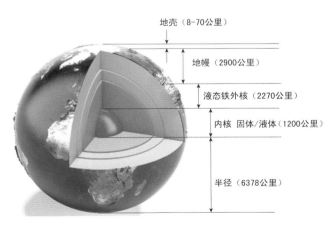

图 4-2 地球内部结构图

现今，人类的生产生活都需要能源，而所有的能源都来自于地球。我国作为一个发展中国家，每年的能源需求是惊人的。从找到的数据来看，在2012 年，我国石油的消费量就超过 47607 万吨，而产量 20748 万吨，对外依存度超过 56.42%；铁矿石的进口量已经超过了 7.4 亿吨。早在 2011 年，时任国土资源部部长徐绍史就说过，"我国油气、铁、铜等矿产资源的对外依存度，在 2011 年时就已经接近 50% 或超过 50%，我国矿产品进出口总额的近 35% 是由矿产资源的进出口组成的，而且我国矿产资源的需求量，将会持续地刚性增长"。能源资源的对外依存度过高会增加我国经济的脆弱性，因此，我们应该加快对地球内部的资源勘探以缓解资源需求压力。

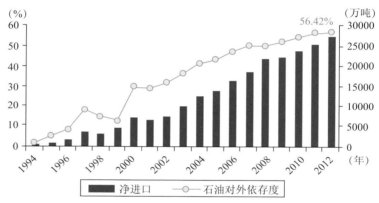

图 4-3　中国石油对外依存度变化

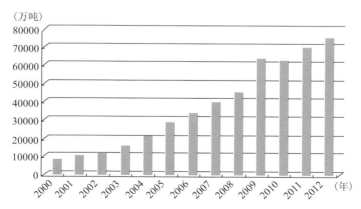

图 4-4　中国铁矿石进口量变化

中国是自然灾害多发国家，每年自然灾害都会给我国造成巨大的损失。以 2008 年的汶川地震为例，仅从人员伤亡情况来看，据民政部报告的数据，已确认有 69197 人遇难，18209 人失踪，374176 人受伤。为了应对自然灾害，可以提前监测、提前预防，而这一切都需要首先对地球进行"CT"扫描以了解灾害的形成机制。

21 世纪初，人类向太空发展更加迅猛，以俄罗斯和美国为首的新一轮太空探测计划正在紧锣密鼓地展开。"伽利略"计划的实施将使欧洲打破美国在全球导航领域的垄断地位，印度、日本和中国等国也跻身太空竞争的大潮流中。然而，中国卓越的科学家们不得不面对这样一个现实：在人类向太空发展，实施新一轮太空计划，在我国"神舟七号"载人航天飞船、"嫦娥"探月工程圆满成功之时，对人类赖以生存的地球内部却了解得太少，直接钻探深度只有 12 千米，涉及的仅仅是地球的表皮。可谓"上天不易，入地更难"。地球是人类居住的唯一场所，为人类提供了生命必需的粮食、水和生活必需的能源及矿产资源；同时地球也常常会给地球居民带来一些会导致巨大损失的自然灾害，如地震、火山、海啸等。通过深部探测对获取到的地质信息进行分析研究，可以使我们更好地了解地下的物质类型、地质结构和动力学过程，因此，地球探测不但可以满足人类探索自然奥秘的好奇心，而且还可以满足人类获取资源、保障自身生存安全的需要。近百年来，各国的地球科学家一直不断地对地球进行探索，同时，我国的科学家也意识到必须开展中国的地球深部探测计划，才能解决面临的重大资源环境问题，才能综合实现地球科学的进一步前进和发展。

这个课题以深部探测需求为背景，自主研制无缆自定位地震仪，旨在解决有线遥测地震仪不适应恶劣艰苦环境及在高密度地震勘探所面临的技术问题；研制电化学检波器和力平衡反馈式动圈检波器，以实现深部探测的低频地震检波器的自主研发。本课题共有以下四个研究专题：

1.2.1　无缆自定位地震勘探仪研制

主要对地震仪低噪声高保真数据采集、地震仪采集网络全网同步、采集点空间位置精确定位、地震数据采集单元小型化和低功耗、记录器内建自测试、大容量高可靠性的地震数据存储、野外数据质量现场监控、多种震源兼容和无缆自定位地震仪数据回收等技术开展深入研究。为深部反射、折射地震勘探和天然地震观测提供一机多用的先进仪器装备。对激振器相控阵列组合方法、激振器扫描信号控制方法与无缆自定位地震采集系统组合工作方法开展深入研究，并在此基础上通过定向照明地震勘探新技术，开展面向目标的可控震源野外实验方法研究，为非破坏性地震勘探提供可控震源装备，可有效实现矿区的环保安全探测。

1.2.2　电化学地震检波器研制

重点研究基于MEMS技术的电化学地震传感器加工方法和制备技术，解决 MEMS 加工、封装、微弱信号检测等关键技术，实现电化学地震传感器国产化，研制低功耗宽频带（20 秒 –20 赫兹）电化学检波器。通过研究基于传统动圈式地震检波器电子反馈技术，减小地震震检波器性能对机械特性的依赖，扩展工作频带；减小非线性失真，并与电化学地震检波器进行对比测试。

1.2.3　低频地震检波器研制

重点研究自然频率低于 3 赫兹以下脉动动用地震检波器，采用电磁感应原理，争取在脉动或更低频动圈套式地震检波器自主研制方面有所突破。通过重点研究中高频动圈式检波器的工作原理、结构及相关技术，解决动圈式检波器中影响频率的相关零部件的设计、加工以及检测等关键技术；同时，解决动圈式检波器频率低时失真度较高这一关键问题。实现动圈式脉动检波器国产化；研制带宽（1~100赫兹）电磁动圈式检波器，并用于野外试验。

1.2.4 无缆自定位地震勘探系统无线通信技术研究

研究内容包括：低功耗无缆自定位地震仪的无线通信模块，地震勘探质量无线实时监测系统，基于无线自组织网络的监测数据无线传输关键技术，基于网状网的大规模无缆自定位地震仪组网可扩展网络拓扑，无线传输性能测试。拟突破无线接入及组网的低功耗技术、大规模无缆自定位地震仪节点的自组织及分层拓扑、有限带宽无线传感网络下的数据压缩技术。形成的创新技术包括：无缆自定位地震仪的低功耗无线接入及组网，能够解决野外数据收集不便的难题，为无缆自定位地震仪的可测可控提供无线数据传输链路；无缆自定位地震仪的网中网分层可管、局域自组织自治组网技术，能够适应无缆自定位地震数据接收仪大规模铺设的需要；对大规模无缆自定位地震仪质量监测数据采用分布式压缩编码技术，能确保数据回收速度及低功耗。

》1.3 地震勘探的光辉岁月

人类在19世纪中叶就开始地震勘探。1845年，R.马利特使用人工自主创造的地震波，去测量弹性波在地壳中的传播速度，成为首位运用地震勘探技术的人，开启了人类运用地震勘探方法的先河。1913年，R.费森登开始尝试应用反射法进行地震勘探工作，但由于当时的技术，尚未达到能够实际应用的水平。1921年是个值得特别纪念的一年。那年，J.C.卡彻在美国的俄克拉荷马州，第一次成功获取到人工激发的地震所产生的清晰的反射波，这标志着反射法地震勘探在实际中成功地投入应用。1930年，在该地区利用反射法地震勘探技术，成功发现三个油田。

20世纪初期，德国的 L. 明特罗普开始把折射法地震勘探应用于实践中。折射法地震勘探在20世纪20年代大放异彩，在墨西哥湾沿岸地区人类成功利用地震勘探，发现很多有高价值的盐丘。前苏联科学家在20世纪30年代末，在利用吸取反射法的记录技术基础上，对折射法作了相应的改进。折射法在经过技术升级后，不但可以捕捉到各个阶段的折射波，而且折射波的波形特征还可以得到研究人员更加细致的研究。光点照相技术在早期反射法记录人工激发地震波时，得到了很好的应用。模拟磁带记录方式在20世纪50—60年代成功取替了光点照相记录方式，模拟磁带记录方式可以采取不同因素进行多次的信号回放，极大地提高了记录质量。在20世纪70年代，数字磁带记录技术取代模拟磁带记录技术，最终形成了以高速数字计算机为基础的地震数据处理技术、多次覆盖技术、数字记录技术相互结合的完整技术系统，极大地提高了解决地质问题和记录的精确度的能力。从20世纪70年代初期开始，人类成功应用地震勘探方法研究了岩石孔隙和岩性所含的流体成分。随着科技的进步，人类认知力的提升，我们现在已经成功研制出根据地震反射波振幅与炮检距的关系来提前检测油气储存的 AVO 分析，并且还成功研发了根据地震时间剖面振幅的异常来判定油气气藏的"亮点"分析，这些分析技术在现实中已有许多成功的例子，也是现代先进的地震勘探技术，此种地震勘探技术可以依据地震反射波来推算地层波阻抗和层速度，在一定的条件下，地震拟测井技术还可以有效获取有地质解释意义的显著效果。由构造勘探为主向岩性勘探的方向发展，是现代地震勘探的主流方向。

如今的地震勘探仪器是集计算机技术、传感技术等于一体的综合技术系统。随着地震勘探方法的不断进步，地震勘探仪器也在不断地升级自己的设备，从 20 世纪 30 年代的第一代模拟光点记录诞生开始，地震仪器的发展过程大致经过了六代。

模拟光点记录地震仪，是第一代地震勘探系统，其主要代表是 51 型。此种仪器的地震勘探生产资料是以光点感光照相纸记录为主的，一次性直接可操作的模拟波形是模拟光点记录地震仪器的成品记录。在国外，20世纪 30—50 年代末就出现了第一代地震仪，51 型地震仪是此类地震勘探仪器的代表。我国在 1952 年新组建的五个地震勘探队中，他们使用的地震勘探仪器除一台是由美国制造，其余四台 CC-26-51 型和 CC-24-48 型都是由原苏联制造。在煤炭系统中，我国的煤田地震勘探队在开始的时候，主要采用国外进口地震仪器工具，我国自主生产的仪器直到 1963 年才在煤炭系统推广使用。

模拟磁带记录地震仪器，是第二代地震勘探仪器，DZ663 型仪器是该代地震勘探仪器的主要代表。模拟信号是这种仪器的地震勘探生产资料，记录到的模拟信号是被磁带永久性记录的。模拟波形是它的生产记录，这种记录是保存在磁带上的，在使用过程中可多次重复利用。20 世 50 年代初，国外研发了模拟磁带记录地震仪，我国煤炭科学研究院西安煤田地质研究所在 1970 年成功研发了 TYDC-24 型磁带记录地震仪样机，随后西安石油仪器一厂及渭南煤矿专用设备厂也先后成功研制生产出了 DZ701、DZ663 、DZ661 等地震仪。到 1973 年，模拟磁带记录地震仪已在煤炭系统全部代替了光点记录地震仪，它标志着我国地震勘探仪迈入到第二代，即模拟磁带记录地震仪。

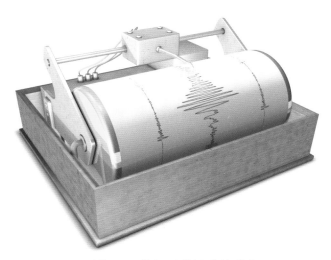

图 4-5 模拟磁带记录地震仪

　　数字地震仪器，是第三代地震勘探仪器，DFS–V 型是这类地震勘探仪器的主要代表。将采集到的地震信号进行数字化转换后再记录到磁带上是这类仪器的主要工作原理。数字地震仪器创新之处是采用了模数转换技术、瞬时浮点放大和前置放大，由此实现了由模拟记录信号到数字记录信号的变革。伴随着集成电路的诞生以及这种技术在地震勘探中的应用，地震勘探仪器迎来了小型化和数字化的发展时代。1971 年，美国制造出 DFS–V 数字地震仪，法国生产出 SN3X8 系列产品等。1980 年，我国进行了 MSD–1 型数字地震仪的研发工作；1983 年，完成样机制造并成功地投入到实际试用中。改革开放后，我国煤炭行业和石油工业开始大量引进法国的 SN338HR、SN358 和美国的 DFS–V、ES–2420 等数字地震仪，并且还装备了 VSP 测井等性能优良的先进仪器设备，已有上百个野外地震勘探队装备了此种技术设备，表明我国地震勘探仪进入了第三代——数字地震仪阶段。

遥测数字地震仪器。地震勘探仪器发展到第四代以遥测数字地震仪器为标志，代表性的装备有 YKZ480、SK1004 等。这类仪器与第三代仪器有同样的工作原理，都是将采集到的地震信号进行数字化转换后再记录到磁带上，这两代仪器的不同是，遥测数字地震仪器的主机系统通过控制"分布"在排列上的采集站来采集地震数据，这样不但甩掉了笨重的模拟大线、简化了主机的积木式硬件结构，而且其抗干扰能力和采集能力都有了显著提高。以数字信号形式在电缆上串行传输地震道信息是第四代地震勘探技术的主要进步。由于数字信号传输电缆的重量不再受接收地震道数的限制，而且主机也得到了充分简化，因此，该代系统的采集能力也得到了极大的提高，采样 1000 道左右的实时记录信号，只要花费 2 毫秒左右。从 1994 年起，中国煤炭地质总局先后引进了 DAS-2、SUMMIT、BOX、SN-388、IMAGE、DS-6、408UL、ARIES 等不同国别、型号和种类的多道遥测数字地震仪，标志着我地震勘探仪进入了第四代——遥测地震仪阶段。

第五代地震勘探仪器在 20 世纪 90 年代成功进入地震勘探市场。此代仪器的主要代表是现在广泛流行的 408ULSY、STEM FOUR-AC 等。这代仪器的创新之处是，用 24 位 A/D 转换器成功取代以前的 14 或 15 位 A/D 转换器和瞬时浮点放大器。第五代地震勘探仪器的采集能力和集成度相比以前的勘探仪器有了很大的提高，而这一切都要归功于先进的数字处理技术以及计算机技术在第五代地震勘探仪器上的成功应用。第五代地震勘探仪器在采集 5000 道数据时，一般需要耗时 2 毫秒。2002 年，是地震勘探仪进入到一个新的发展纪元的标志年，在这一年，ION 公司在全球第一个成功研制出 MEMS 加速度检波器。MEMS 加速度检波器可以取代传统的动圈式传感器。目前，在以 MEMS 检波器接收为特征的全数字遥测地震仪中，有线采集系统的代表性仪器有 428XL、System-Ⅳ等，FireFly、Hawk、UNITE 等是无线采集系统的代表性仪器。该采集系统的主要优点有：质量小、外设能耗低、采用三分量全数字传感器接收、带道能力可达 10 万道、数据传输可靠性高、具有超低噪声、斜角度可达 ±180°、频带宽（0~800 赫兹）、动态范围达 120 分贝（4）、失真度小（-90 分贝）、幅频特性好、向量保真度特别高等。

数字地震仪器。全数字地震仪器是第六代地震勘探仪器。这种仪器在 21 世纪初开始面向勘探市场，SERCEL 公司产的 408UL-DSU 和 I/O 公司研制的 IV（VC 或 VR）系统是它的主要代表。这类地震勘探仪器和前一代地震勘探仪器相比具有自己的特点：此类仪器具备了加速度数字传感器（数字检波器）系统，该系统具有先进的 MEMS 技术。数字地震仪器的这种优点使其能够接收 0~500 赫兹等灵敏度和等相位响应地震波信号，而且使整个接收系统的瞬时动态范围可以达到 90 分贝以上。

当前国内外应用地震勘探法的主流仪器是有缆地震勘探系统，这种仪器的状态监测和数据采集完全由有线系统完成的。现在勘探市场上有缆自定位勘探系统的主要产品有：我国东方地球物理公司推出的 G3i 系统，法国 Sercel 公司的 408UL、428XL，美国 ION 公司的 Scorpion 系统等。随着勘探地形环境越来越复杂，地震勘探精度的需求度越来越多，需要排列上万道甚至几百万道的地震仪器，导致有缆地震勘探仪越来越难以满足未来地球深部矿藏探测的需求。

无缆遥测式地震勘探仪器的出现摆脱了有缆自定位勘探仪器的缺点并且有了新的突破。无缆遥测式地震勘探仪器工作时是通过无线的方式进行数据采集和状态数据的回收，这样使其避免了沉重的传输线缆。此类地震勘探仪器的典型产品有：美国 Firefield 公司的 Box、美国

Wireless 公司的 RT 无线遥测地震数据采集系统。然而无缆遥测式地震勘探仪器只适合在小范围内进行地震勘探工作，因为在面对复杂的地形环境时，其无线通信距离有限，并且它的通信技术的数据传输稳定性难以得到很好的保证。

无缆存储式地震勘探仪是对无缆遥测式地震勘探仪器的发展。这种仪器的工作原理是：在进行地震勘探时它首先将采集到的地震数据存储起来，等到勘探作业结束后，再一并回收。在国外，美国 ION 公司的 Firely 系统和法国 Sercel 公司的 UNITE 系统是这种仪器的典型产品；在国内，由吉林大学优秀团队所研发的 GEIWSK 系统达到了国际先进水平。无缆存储式地震勘探仪的自存储的工作模式能较好地满足现在大道距、高密度的深部勘探要求，但此种技术在实践中还没有被普遍地推广应用，因为这种地震勘探仪器通过人工激发地震波所采集到的数据质量难以得到有效保证，而且缺乏可靠的勘探现场质量实时监控技术。

508XT 地震数据采集系统是 Sercel 法国公司研发出的一种基于 X–TECH 技术（无线与有线系统的集成架构技术）的地震勘探仪器。该系统结合了有缆地震数据采集系统和无缆地震数据采集系统的特点，使它不但能通过连接排列实时将采集数据传输到中央记录系统，而且这种系统还可以实时地进行节点式的数据采集和自存储。508XT 地震数据采集系统由五个部分组成包括：中央控制管理单元、数字检波器单元、光纤交叉线、数据采集单元和数据流管理单元。508XT 地震数据采集系统具备很多的优点。这种系统通过将数据流管理单元内置实现了无缆设备与有缆设备的同步工作，并将这两种系统采集到的地震波数据进行统一的管理和存储。508XT 地震数据采集系统的数据自动饶传、自存储和冗余特色确保了它能高效和不停地进行数据采集，并且还可以在数据采集过程中同步进行排列的测试和检查。该系统还极大地降低了系统的能耗，它的这种优点得益于系统的低功耗工作模式和可编程自动唤醒功能。这类系统应用到实践中，通过将有线和无线式地震勘探技术相混合，使其在施工过程中将采集数据的品质、施工的质量、仪器排列的灵活性与适应性提高到了一个历史性的新高度。这种系统的数据采集能力也是惊人的，其最大能完成百万道的实时数据采集，而且它还有很高的成像率。508XT 地震数据采集系统也存在着不足，虽然它通过有缆与无缆混合交叉通信的方式提升了仪器布置架设的灵活性并且极大提高了施工的效率，但正是该系统使用有缆和无缆的混合方式使其并没有完全摆脱电缆线的负重，而且有缆采集系统在户外进行地震勘探作业时还面临着灵活性低、机动性差和人力成本高的问题。

美国 Wireless 公司研发了一款 FTsysterm2 的无缆遥测地震数据采集系统，该系统由数据传输单元、数据采集单元和中央数据管理单元组成。数据传输单元由两个部分组成：交叉通道的高带宽回程系统和接力式传输系统；数据采集单元由双向无线电设备、数字控制电路和转换器构成；中央数据管理单元主要包括显示和存储两个部分。2014 年，该无缆地震数据采集系统在伊拉克库尔德自治区共布置了 13000 道，实施了一次大规模地震勘探实地作业，并取得了很好的实地效果。

美国公司生产了一款 Firefield 系统，野外采集设备、中央计算机、转录器和基础导航服务器是该系统的四大组成部分。"萤火虫"的无缆地震数据采集系统具有很多优点：它可以随意监督各个采集站的工作情况、能通过无线回收采集到的数据并且具有无线覆盖的能力。当然该系统也存在不足：①在设备应用中，天线塔的架设工作很复杂；②系统的覆盖范围受到极大的限制；③在实际的勘探过程中，设备容易受到野外复杂的地形环境的影响。

从最初应用到现在，地震勘探方法已经发展到了一个新的阶段。地震勘探解决地质表层问题的能力得到不断的提高，通过地震勘探，我们不但可以知道地球内部的地质构造，而且还可准确地推断每个地震构造圈的边界范围的界限在什么地方。一体化是地震勘探方法现在的发展趋势，利用先进的设备和新型的技术手段，地震勘探技术可以在更加复杂的地理环境中应用，而且还可以获取更加精确的信息。

作为人类赖以生存和发展的物质源泉，地球满足了人类社会发展各阶段对能源的需求。人类第一次钻出的工业石油就是利用地震勘探方法得到的。1926 年，在美国俄克拉荷马州的沉积盆地上，施工人员根据反射地震的记录解释，成功地布置了石油钻探孔，打出第一桶工业石油。从那时起，地震勘探技术因为拥有独特的技术优势，在探测石油、地下煤炭和天然气资源的过程中发挥着越来越重要的作用。且随着地震勘探的深度越来越深和难度越来越大，地震勘探技术在处理软件、仪器装备和解释方法上都取得了很大的进步。为了提高勘探精度以及作业效率，电子技术是最新一代地震勘探仪器的发展利器。

》1.4 地震勘探系统的工作原理和特性

人们在认知未知事物时，一般都是通过感受该事物所处的物理场。例如，当你感受到一个区域的冷热时，其实就是人体的皮肤记录下每个位置的温度，通过神经传输到大脑，在大脑中形成这片区域中每个空间位置与温度对应的一个物理模型，这个物理模型我们称之为这片区域的温度场，人们就是通过获得这个温度场，从而认知这片区域的冷热。再如，你听到一个人讲话，其实就是这个人的喉咙震动引起空气震动，空气震动再带动你的耳膜震动，你就听到这个声音了。听到别人说话的过程其实就是在感受这个人所发出的一个声波场。

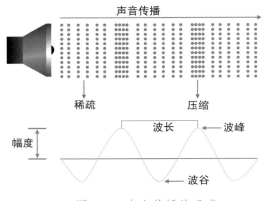

图 4-6 声音传播的示意

　　对于地球，这个半径为 6378 公里的巨大球体，要探测其深部的特征，也要通过感受与它相关的物理场才能完成对它的认知。但是，用于地球深部探测所选择的这种物理场的传播能力必须足够强，能够经过几公里的地下空间依然能被人们所接收到。科学家们根据各种限制条件对现有技术手段进行筛选，普遍认为利用在地下具有较强传播能力的弹性波场能够完成地球深部探测。因此，利用弹性波场地球物理勘探方法——地震勘探，是地球深部探测最主要的手段。

　　地震勘探通过对人工激发的地震波在地层传播规律的研究来查明地球内部的地质情况，探索地球内部的矿藏资源。通常可以通过爆炸或重物夯击地面来激发地震波，与说话时通过喉咙、口腔发出声波一样。当声波在空气中传播时遇到了障碍物会返回，这就是平时听到的回声，人工激发所引起的地震波在地下空间传播时也像声波一样，若遇到地下不同物质的分界面（如空气中的障碍物）便产生反射波或折射波（就像声波遇到障碍物会往回传播一样），高灵敏度的仪器能够记录它们返回地面时的信号，这就好比我们能够听见回声。就像我们能够通过发出声音和听到回声的间隔时间来确定障碍物（墙壁、大山等）的远近一样，根据弹性波的传播路程和传播时间，进而确定发生弹性波反射或折射的分界面的深度和形状，从而认识地下地质结构，寻找可能存储着我们需要的资源的地方。

在进行地震勘探时所需的地震勘探仪器，是指在户外进行地震数据采集的专用技术设备。地震勘探仪器由三部分组成：震源、检波器和地震仪。在野外地震数据采集过程中，地震勘探仪器的这三个部分是一个整体，互相联系，一个都不能少。"地震仪"负责记录地震波；"检波器"负责接收地震波的信号；"震源"的主要功能是负责激发人工地震波。地震勘探仪的基本工作流程，是通过在地表自主激发人工地震波，并把从地层中返回到地表的地震波信号接收并记录下来，经后续处理，可得到一张反映该地区地下地质情况的地震剖面图。

人工激发地震波是地震勘探的第一步，地震波信号质量的高低直接影响地震勘查效果。人工地震信号的产生主要依赖于震源，它是地震勘探技术重要的一个组成部分。爆炸震源是我们传统上采用的一种方式，在油气勘查过程中我们经常使用爆炸震源。夯击震源、电磁驱动可控震源、电火花震源、液压式可控震源以及精密主动可控震源是国际上现在经常使用的陆上可控震源。吉林大学研发了一台 PHVS–500/1000 型电磁驱动的轻便高频可控震源，填补了中国在该领域的空白，解决了现实地震勘探过程中的很多困难。

地震检波器作为地震数据接收和采集的最前端设备，在实际地震勘探过程中起到很重要的作用，主要的功能在于检测地震波信号。地震检波器性能的好坏会对后续的地震信号记录和地震资料解释过程产生重要影响。地震检波器的本质是一种传感器，从信号传输的角度来看，它的功能在于，把地面震动转变成电信号；从能量转化的角度来看，检波器的功能在于，把机械能转变成电能。现在，在地震勘探市场上存在各式各样的检波器，它们的风格、标准、大小、长短等都不一样。从工作原理的角度来看，现在市场上的检波器主要有微电子机械式、压电陶瓷式、电磁感应式等，电磁感应式是目前在实践过程中采用最多、最受用户欢迎的一种检波器。地震检波器的灵敏度直接关系着采集到数据的精确度，从而影响着地球深部探测的分辨率。为了实现更高的灵敏度，吉林大学仪器科学与电气工程学院研制出了基于巨磁阻效应的高灵敏度、低功耗、低成本的震动探测磁传感器。

地震检波器和记录地震波的"地震仪"需要联合工作才能实现完整的地震数据采集功能，即检波器需要将震动信号转化成电信号，而"地震仪"负责将检波器传输过来的电信号按照一定格式存储下来或者实时传输到负责地震数据回收的电脑中。由于现在的地球深部探测要实现高分辨率、大范围的探测，因此，万道甚至十万道以上的地震数据采集系统被逐渐广泛地应用于实际野外工作中（一个检波器在一个方向上测得的数据称为一道数据）。因此，在一次地震探测工作中，常常需要成千上万个地震仪。为了管理好如此多的地震仪，控制它们正常工作，命令它们回传记录地震数据，吉林大学仪器科学与电气工程学院在自主研制地震数据采集系统中引入了计算机网络技术，每个地震仪就像互联网中的一个计算机，接受着网络中管理员（仪器车里的操作者）的管理。然而，地震仪之间使用线缆进行连接，使整个地震勘探装备的质量大大增加，同时工作量也大大增加（增加了运输负担和线缆的监测工作）。不仅如此，由于地震仪之间必须使用线缆连接导致地震仪无法跨越河流、道路以及具有复杂地形的山地，因此，在应用环境上有较大的限制。随着无线网络技术的兴起，吉林大学仪器科学与电气工程学院也将多种无线通信技术（WiFi、蜂窝网络、卫星通信等）应用到地震仪中，研发出了无缆自定位地震仪，实现了地震仪的轻便化和无缝隙覆盖的目标。然而，无线通信技术也并非没有弊端，由于目前无线通信技术规范的限制，其通信速率不能达到有线网络，因此，在应用中常常使用有缆无缆混合的地震勘探系统：在数据流较大的区域使用有缆地震数据采集系统；在有缆地震数据采集系统无法覆盖或者网络带宽足够的区域布设无缆地震仪，使无缆地震仪通过无线网络（WiFi、蜂窝网络、卫星通信）接入到有缆地震数据采集系统中。

图 4-7　GEIST438 地震仪

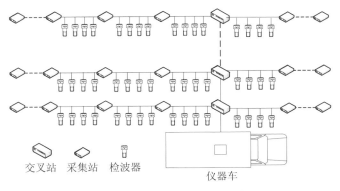

图 4-8　地震探测工作示意

图 4-9　有缆地震仪

图 4-10　相同道数的有线仪器（左）与无线仪器（右）的对比

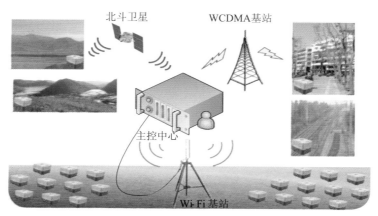

图 4-11　无缆自定位地震勘探系统工作示意

》1.5 研制的成果

地球深部探测对探测手段的分辨率要求很高。地震探测的分辨率是地球内部探测分辨率最高的手段，因此，地震探测是地球深部探测的好方法。油气勘探、广泛资源勘查等，也广泛使用地震探测。长期以来，我国地球深部探测实验用的仪器、装备、软件研发能力薄弱，所使用的高端产品完全依赖进口，这既不利于国家基础信息保护，自主创新能力的提升和创新性也受到严重制约。为了突破这一"瓶颈"，深部探测专项在第九项目——"深部探测关键仪器装备研制与实验"中，设立了"SinoProbe-09-04无缆自定位地震勘探系统研制"课题。该课题主要由吉林大学承担，协作单位包括中科院地质、地球物理研究所、电子学研究所、重庆仪器厂等。

经过课题组全体成员攻关和努力，按照任务书要求，完成了无缆自定位地震仪的自主研制，面向深部探测应用特点，成功突破了有缆地震仪采集道数和道间距限制等相关技术困难。基于 GPS 定位和授时技术成功实现了多个地震采集站的空间自定位和同步采集能力，摆脱了通讯电缆的"瓶颈"，自带存储器可长时间连续记录，可根据观测需要设置任意道间距、兼容炸药、可控震源、地震锤等多种震源。基于 802.11 克无线通信协议，实现了长距离无线状态监测和短距离无线地震数据快速回收。数据回收中心基于千兆网络，可进行快速数据回收和充电。仪器主要性能指标达到或超过国际同类地震仪设计水平，满足任务书设计指标要求。结合流体动力学和超微电极电化学的基本原理，成功建立了电化学增益器的敏感模型，成功设计了电化学增益器的微电极结构，优化设计了电化学增益器的微结构。基于 MEMS 技术设计制作了电化学地震检波器敏感单元芯片，对其中的关键工艺参数进行了优化；设计了电化学地震检波器敏感单元芯片，对其中的关键工艺参数进行了优化；设计了电化学地震检波器实验室测试平台，对传感器一致性进行了测试，在振动试验台上完成了器材的灵敏度、频率响应和测量范围等特性的测试。测试结果表明，所研制的 MCS–I 和 MEMS 电化学地震检波器频带范围为 20 秒 ~20 赫兹，测量范围为 ±10c 厘米 / 秒，达到任务书设计要求。采用 QBe2 高弹性材料结合全激光切割技术，形成塔形弹簧片新加工工艺，自主研发了 1 赫兹纯动圈式三分量低频地震检波器，经中国测试技术研究院第三方检测，主要技术指标达到了任务书设计要求，并具备小批量生产能力，部分产品已推向市场。分别基于电子补偿技术和力平衡反馈技术进行了低频拓展技术预研，成功将 2.5 赫兹芯体降频至 5 秒，为更低频检波器的自主研制奠定了良好基础。

在上述研究的基础上，课题组进行了系统集成并完成了小批量生产。先后在辽宁兴城地质走廊带、西藏阿里、河南栾川等多地开展了野外生产性对比试验；与法国的 428XL 地震仪和美国的 REFEEK120、Q330 等国际先进仪器系统进行了试验对比。经过对试验结果数据的分析和处理，在同线对比的情况下，自主研制的无缆自定位地震勘探系统的原始数据可信，信噪比高，现场剖面及叠加剖面与国外先进仪器系统的吻合度较好；在生产性野外对比试验中，系统总体稳定可靠，具备一定的实用性，可以用于生产性的野外地震勘探，为后期仪器系统的工程化奠定了良好基础。

2015 年 1 月，以中国地质调查局为牵头者，有关专家对深部探测专项第九项目"深部探测关键仪器装备研制与实验"所属 SinoProbe–09–04 "无缆自定位地震勘探系统研制"课题进行了结题成果验收。结题验收会上，吉林大学林君教授向专家组成员认真汇报了工作的研发成果，随后专家们认真查看和分析了仪器系统的现场比对测验与野外工作记录，审阅了课题成果报告、成果汇编、专利与检测报告等相关材料，并对相关问题提出了质疑，经讨论，一致认为课题组圆满完成了任务书中的各项要求，系统总体具有突破性和实用性。其成果主要如下：

课题组经过联合攻关，成功研发了分布式无缆自定位地震仪系统、宽频带地震仪、MEMS电化学地震检波器、动圈式低频地震检波器、10千牛（力的国际单位）可控震源，以及多种震源兼容的地震触发站、大容量野外采集数据快速回收站和野外数据采集的监控管理软件。课题组在西藏阿里和辽宁兴城等地进行了第三方评估和户外比对实验，达到了设计指标要求。

课题取得的创新成果是：第一，自主研发了分布式无缆自定位地震仪系统。在高精度低噪声地震数据采集技术上实现了突破，在GPS授时和高精度实时时钟联合同步技术上实现了地震采集站的空间自定位，以及实现了多台站多通道的同步数据采集，系统能够支持任意排列地震数据采集，适用于复杂地形条件。基于北斗/3G等多种通信网络的全覆盖远程数据质量监控具有创新性；通过野外比对实验，证实该仪器系统稳定可靠，性能达到国外同类先进仪器水平。第二，自主研发了MEMS电化学地震检波器、机械压紧密封等核心技术和关键工艺，实现了电化学增益器批量化制造，突破了微结构优化设计，整个系统的技术指标可以和国际上同等产品竞争。第三，突破1赫兹纯动圈式三分量低频地震检波器技术"瓶颈"，基于QBe2高弹性材料，结合全激光切割技术，形成塔形弹簧片新加工工艺，具备小批量生产能力，部分产品已推向市场。第四，自主研制的宽频带地震仪攻克了低频地震数据采集的1/F噪声抑制、宽频带低噪声和大动态范围数据采集、双CF卡大容量存储、低功耗智能电源管理等关键技术，主要性能指标可以和国外同等仪器相媲美。第五，自主研制的电磁驱动式10千牛可控震源，经与国外液压式可控震源比对测试，表明其具有良好的中浅层（<1000米）分辨率和穿透性。第六，开发了低

频地震传感器，建立了可控震源测试与标定平台，建立了有缆／无缆地震勘探仪，为地震勘探仪器系统的下一步开发工作和实地应用打下了很好的基础。

图 4-12 林君教授做汇报

 2 "入地望远镜"——深部大陆科学钻

》 **2.1 科学钻探的定义**

人类在自然界的活动已经能够深入到了陆地、海洋、天空。大陆科学钻探被称为"伸入地球内部的'望远镜'"。大陆科学钻探工程的开展，不但能够使 21 世纪地球科学有新的进展，而且还能带动与大陆科学相关的工程技术的发展。如今，人类社会面临严峻的资源困境、灾害和环境等问题，大陆科学钻探工程的展开，对于解决以上困难具有很大的意义。地球承载着人类，对地球深部的探索一直都是人类向往的领域，可是坚硬的地壳岩石阻隔了人类对地球内部的探索，到目前为止，人类对于地球内部的情况依然知道得很少。

科学钻探是为地学研究而实施的钻探技术。它通过运用最先进的现代深部钻探技术、地球物理测井以及在地下安放观测仪器等先进技术手段，获取岩石、岩浆等地下物质以及物理信息，对获取的地下物质以及物理信息进行分析，进而研究地球内部的地质构造、岩石结构以及地下流体的作用。科学钻探被誉为人类的"入地望远镜"，人类依靠科学钻探来取得地球内部的物质、了解地球内部信息，因此，科学钻探被认为是了解地球内部最有效、最直接的方法，具有重要的实践和技术意义。随着人类对地球内部的兴趣不断高涨，相应的对地球物理学的兴趣也在高涨，而地球科学的进展离不开科学钻探的帮助。当今，人类的生产生活都需要能源，而能源来自于地球。我国作为发展中国家，每年的能源需求是惊人的，依靠科学钻探可以为我们查明地下的矿藏情况，从而解决日益紧张的能源困境。在 21 世纪，国家之间综合国力竞争的一个主要方面就是科技实力的比拼，因此，一个国家的科学钻探技术水平的高低，直接反映了这个国家的科技水平和综合国力。根据钻探地理位置的不同，钻探分为大陆科学钻探、海洋科学钻探和极地科学钻探。

2.1.1　大陆钻探

大陆钻探也叫科学钻探，指通过运用最先进的现代深部钻探、地球物理测井以及在地下安放观测仪器等先进技术手段，获取岩石、岩浆等地下物质以及物理信息。目前 20 余项国际大陆科学钻探项目正在实施，已在全球范围内形成了一个宏伟的大陆科学钻探整合计划。国际大陆科学钻探的主要研究计划有：陨石撞击与灾变事件研究计划、板块构造研究计划、全球环境与气候变化研究计划、火山与地震活动研究计划、地热与流体系统研究计划和大陆地幔动力学研究计划等。"上天不易，入地更难"，对地球进行钻探是有很大难度的，向地球内部钻进 10~15 千米超深孔的困难程度比发射人造地球卫星还大。进行大陆科学钻探的主要困难有：地球内部存在超高地温，万米处温度可达到 260℃；垂直钻井困难，在钻探过程中钻柱易发生弯曲；地层结构复杂，难以获取资料，难以有效估计内部物质运作情况。

图 4-13　大陆钻探

2.1.2　大洋钻探

大洋钻探是对海洋进行的科学钻探。大洋钻探有很重要的意义：为国际科学钻探学术共同体的建设，提供地球系统科学研究学术平台；科学了解极端气候和气候快速变化的过程；探测开发深海新资源；揭示地震的发生机制；探明海洋深部生物圈和天然气水合物；环境预测和防震减灾。在 20 世纪，国际大洋钻探计划、深海钻探计划是两个人类在全球范围内实施的海洋钻探计划，经过全球科学家的努力，国际海洋钻探计划取得了丰富的成果：科学分析了汇聚大陆边缘深部流体的地学作用；成功发现了海底深部生物圈和天然气水合物构造；证实了气候演变的轨道周期和地球环境的突变事件的时间；验证了板块构造理论；创立了古海洋学。

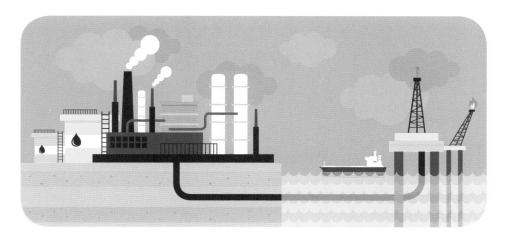

图 4-14　大洋钻探

2.1.3　极地钻探

地球极地冰盖面积约 1600 万平方千米，这是一个等待人类去了解和利用的宝藏。为了了解地球结构、认识极地的地理环境，从而能够更好地开发极地，人类很早就开始了极地钻探。南极和北极海域在 1970 年左右就成为深海钻探和大洋钻探的重要目标海区，现在，国际团队正在实施的综合大洋钻探计划的重要钻探地点也是南极和北极海域。截至目前，人类通过极地钻探取得了重大的研究成果，为我们更好地认识地球、利用地球、保护地球提供了可靠的科学知识：解释了新生代变冷的原因；解决了始新世大暖期谜题；发现了南极古新世末的增温事件；了解早渐新世冰盖增大事件及揭示了北极冰盖的形成过程。

图 4-15　极地钻探

》2.2　大陆科学钻探的历程

　　人类无法直接观察地球内部的结构。对地震波的研究所得到的信息，是到目前为止，人类所能得到的关于地球内部的知识。当地震发生时，地球内部的岩石会受到强烈的冲击，随后就会产生弹性震动，并通过地震波的形式向四周传播。纵波、横波是两种主要的地震波形式。当通过不同的传播介质时，纵波和横波的传播速度也会发生变化。纵波传播速度快，固体、液体和气体都能成为纵波的传播介质；横波传播速度慢，只能在固体中传播。根据地震波的这些特点，人们通过对它在地球内部传播速度和衰减规律的记录和研究，来了解地球内部情况。将收集到的地震波记录输入电脑加以计算分析，便可得到地球断层照片。这项技术是 20 世纪 80 年代发展起来的，它类似于医学中的 CT 断层扫描技术。日本东京大学地震研究所用此方法得到了日本列岛的地层断层图片。日本学术振兴会特别研究员原辰彦和东京大学教授罗伯特·盖勒等专家开发成功的高精度、高效率计算方法，用超级电脑进行庞大的数值计算，能分析了解到地表以下 200 千米深处地幔部分的情况。综合各国科学家的研究成果，现已确认，地球可分为地壳、地幔、地核三个部分。地壳厚度为数千米至 60

千米，其底部莫霍界面下是地幔，厚约 2900 千米，其下地球中心部分是地核。根据试验结果及其推论，地核为液体，主要由铁组成，温度高达5000℃。英国科学家最近通过电脑精密计算，认为地核的温度为5500℃；地核中主要物质是液态铁，但含有约10%的硫、镍等成分，而地核的内核是固体。地核外是岩浆缓慢移动的地幔，温度为1500℃~3000℃，全部处于熔融状态，在强大的压力下，其大部分仍成固状，但具有一定的塑性，可缓慢流动。地壳就漂浮在既呈固态又有塑性的"流体"上。近年来，地质学和地球物理勘探的丰富资料和研究成果表明，在地壳和地幔之间，存在一个极具开发价值的"软流层"。这个软流层是地壳和地幔中氢元素、卤族元素、碱金属和碳、氧、氮、硫等物质组成的高能热流体，称为"地幔液汁"。地幔液汁可以从断裂的地壳向上渗透，其渗透系统呈森林状分布。科学家多年研究探索发现：地球上各地质时期固化的、现在正在活动的种种地热异常地带、石油油气形成地带、地震多发地带等，都是不断流动的高能热流体"森林区"的组成部分。所以，对地球内部结构的探索和研究，不仅有助于弄清地球的形成历史，某些生物灭绝的原因，地震、火山及灾害预防，还可为地球深部资源（热能、天然气、矿物等）的开发利用提供资料。长期以来，地球科学家运用各种地质、地球物理和地球化学等方法来探测、研究地球内部情况，但获得的认识往往是间接的，故而存在不同的观点。

要想彻底弄清地球内部情况，唯一可行的手段就是能深入地球内部取样的大陆科学钻。所谓大陆科学钻，就是在地球大陆上选择富有科学探索意义的地区，钻进一般达数千米以上的深孔，用以进行科学试验，了解地球内部的秘密。通过对岩石圈的直接观测，可使人们了解、认识大洋和大陆的板块运动、地壳应力与地震、火山过程、深部资源、生命起源、全球变化和气候多样性等一系列基础性的地球科学问题。

　　从 20 世纪 70 年代苏联开展大陆科学钻探活动以来，100 口深浅不一的大陆科学钻孔已经在 13 个国家的不同科学钻探计划中实施，其中，有 20 口深孔钻探的深度达到了 4000~5000 米以上。根据钻孔深度，大陆科学钻分为四级：浅钻 (<2000 米)、中深钻 (2000~5000 米)、深钻 (5000~8000 米) 和超深钻 (>8000 米)。世界第一口超深钻 (12262 米) 在俄罗斯科拉半岛 (SG3 号)，其目的是解决古老变质基底的深部结构、构造及演化。第二口超深钻（9100 米）在德国波西米亚地块（KTB），以研究古生代板块碰撞结构为主要科学目的。科拉 SG3 超深钻井的观测，揭示了据地震反射推断的上、下地壳间 "康德拉面" 不复存在；德国 KTB 超深钻井否定了据地质地球物理资料推断的推覆体，并意外地发现地壳莫霍面之下有地球强磁场存在。大多数石油地质学家认为，石油、天然气是由沉积岩层中生物有机质积累生成的。20 世纪 80 年代，苏联在乌克兰第聂伯顿涅茨盆地进行科学钻探时，当研究人员钻探到 3100~4000 米时，在这区间的结晶岩中惊讶地发现了五套生油岩和储油层，所处地层为前寒武纪的花岗质岩及角闪岩、片岩。通过对发现的油层进行科学研究，发现其中含有大量熔融分离的微量金属，并且还含有大量的氢气。这些研究都能够说明这些油层是深源油层，而不是由湖海有机沉积所产生的。地质学家们对这一重大发现特别高兴，不少科学家都认为，大量的烃类和流体都存在地幔中，这些烃类和流体对石油、天然气的生成和聚集可以起到重要作用，有可能成为 21 世纪人类社会能源需求的重要来源之一。

2.2.1 国际勘探计划

　　大陆科学钻探是一项国际性的项目。该项目的研究范围及其广泛，覆盖了地学领域的各个研究方向。通过在全球范围内动员研究资源和科学协作，大陆科学钻探项目的实施，推动了地球物理学的进展，促进了地学研究技术的进步，激发了人类对地球的爱护之情。德国是国际大陆科学钻探的发起者，在 20 世纪 90 年代初，德国发起了大陆科学钻探计划的倡议，当时在国际地学界得到了广泛的响应，28 个国家的 250 位地学专家共同出席了国际大陆科学钻探计划的成立大会。中、德、美三国在 1996 年 2 月 26 日，签署合作备忘录，正式启动国际大陆科学钻探计划，三国成为了首批成员国。联合国教科文组织地学部、德国自然科学基金会是大洋科学钻探计划的联系成员，俄罗斯、法国、希腊、墨西哥、英国、日本、加拿大、欧洲科学基金会是大陆科学钻探计划的成员国，计划每年科研投资基金为 70 万美元。

中国是大陆科学钻探的首批成员国。在 1996 年经国务院批准，地矿部代表中国和德、美两国正式设立了国际大陆科学钻探研究项目，我国也正式成为该项目的首批成员国之一。我国自主提出了"大别超高压变质带"的研究项目，它是国际大陆科学钻探计划该类别中唯一的一个项目，而且"大别超高压变质带"研究项目是世界上规模最大、实施范围最广的地壳构造研究项目。2001 年，我国开始实施"中国大陆科学钻探工程"，在科学家们艰苦奋斗四年后，成功打下了深度达到 5158 米的连续取芯钻井，这口科学钻井位于江苏省东海县，钻探地质是坚硬的结晶岩，"科钻一井"的钻探目的是研究大别—苏鲁超高压变质带的折返机制。2005 年，我国实施了青海湖科学钻探项目。该项目的科学家利用 ICDP 项目先进的 GLD800 湖泊钻探取样系统，成功实施了一系列浅钻，通过对青海湖进行科学钻探，研究人员获取了高精度的东亚古环境的地质信息，研究了青海区域的气候、生态和构造演变过程及青海的气候动力系统与其他区域甚至全球古气候变化的气候关系。为研究白垩纪地球表层系统重大地质事件与温室气候变化，2006—2007 年，中国科学家在大庆成功实施了"松科一井"钻探项目，科学实施了两口钻井，钻探的深度分别为 1810 米和 1915 米，两口钻井都是采用连续取芯的方式。2014 年 4 月 13 日设计深度为 6400 米的"松科二井"正式开始进行科学钻探。"汶川地震断裂带大陆科学钻探"，是在汶川特大地震发生之后由我国科学家正式实施的一项科学钻探计划，该计划从 2008 年 10 月开始，项目钻探的目标是研究地震机制和进行地震监测预报，科学钻井深度范围是 550~3350 米。国际大陆科学钻探计划自 1996 年 2 月成立以来，围绕其重点地学研究目标，共实施了 22 个科学钻探项目，现将主要项目的情况分类概述如下。

2.2.1.1　湖泊

（1）俄罗斯贝加尔湖科学钻探

为了研究全球气候变化和贝加尔湖沉积盆地的构造演化，国际大陆科学钻探计划组织实施了贝加尔湖钻探项目。贝加尔湖位于世界最大的内陆多道地震断裂带上，它是一个巨大的沉积盆地，根据剖面分析，发现其部分地区沉积厚度达 5~8 千米，是进行科学钻探的理想地点。俄美两国合作于 1990 年开始贝加尔湖钻探项目，俄美两国的科学合作带来了丰厚的研究成果，科学记录了不同的气候变迁史和湖泊变化史，运用高分辨率地震反射剖面技术描绘出了湖盆复杂的沉积环境，通过在合理地位的采芯提取了含有花粉、硅藻、有机物、碳等的各种岩芯。1992 年，日本正式成为 BDP 项目的合作伙伴，在与俄雅罗斯拉夫钻探企业联合体合作过程中，两国采用冬用轻便钻探船在冻结冰面上设计钻探孔位，通过精心选址、科学钻探两国科学家成功提取了 100 米长的岩芯。1995—1996

年，两国通过科学手段在提升原有的钻探技术的基础上顺利提取了长度达到 300~600 米的岩心。为了研究贝加尔湖轴部的沉积速度和沉积特征，记录在 100 万年的时间跨度内，该地区的古气候信息，1997 年，俄罗斯在贝加尔湖北部盆地设计了 1000 米的钻孔，德国和日本后来也加入该计划。

图 4-16　贝加尔湖

（2）的的喀喀湖科学钻探

为了研究亚马孙热带雨林和安第斯高原的晚更新世事件的时间分布和性质，国际科学钻探项目组实施了的的喀喀湖（Titicaca）科学钻探项目。的的喀喀湖是南美洲的第三大湖，还是南美洲湖泊面积最大、地势最高的淡水湖泊，它地处玻利维亚和秘鲁两国交界的科亚奥高原上。时间回到古地质时期的第三纪，在东科迪勒拉山脉和西科迪勒拉山脉之间发生了强烈的地壳运动，随后在科迪勒拉山系中隆起了巨大的构造断裂并最终形成了一条构造盆地。位于该构造中的的的喀喀湖经过第四纪冰川作用，整个湖区的生态环境系统变得更加丰富多彩。湖的平均深度在 140~180 米，湖东北角索托岛的外边最深达到 280 米。的的喀喀湖科学钻探项目组 2001 年在位于智利和玻利维亚之间的的的喀喀湖选取了三个钻探点，取得了长度达到 625 米的湖底沉积物。

图 4-17 的的喀喀湖

（3）马拉维湖科学钻探

为了研究热带古气候、了解马拉维湖的外延构造、进一步探究生物进化，国际大陆科学钻探计划项目组实施了马拉维湖科学钻探。在神奇的非洲大陆上存在这样一个湖，它是世界第四深湖、非洲第三大淡水湖，已经有 200 万 ~700 万年，最大水深有 700 米，平均水深达到 273 米，北端最深处达到 706 米，它的名字是马拉维湖（Malawi）。马拉维湖面积巨大，南北长 560 公里、东西宽有 24~80 公里、湖面海拔有 472 米、面积有 30800 平方公里。雄伟高大的山脉——东面有利文斯敦山，西面有维皮亚山地，就像勇敢的勇士永远护卫着它们的女王——马拉维湖。四周有很多巨大的湖港围绕着马拉维湖，如恩科塔科塔、恩卡塔贝、卡龙加等。

14 条常年有水的河流注入马拉维湖，使该湖的水质能够保持常年流动，湖底的水质保持清澈透底。三个国家共享着这个神奇的湖泊，马拉维共和国占据了湖的大部分面积，坦桑尼亚和莫桑比克也拥有一部分马拉维湖。马拉维湖是一个让人对其非常惊讶的湖泊，它的湖水每天都会上演逃离和返乡的壮观景色，马拉维湖的巨大湖水每天上午 9 时左右开始消退，水位下降 6 米多后，湖水的消退现象才中止；中场休息两小时后，安静的湖水继续上演出逃一幕，直到湖泊显现出了自己的浅滩后，暴躁的湖泊才渐渐歇息。消失的湖水在四小时后，络绎不绝、争先恐后地返回家园，瘦小的马拉维湖又变成了一个丰盈的美少女。从下午 7 时开始，马拉维湖就像一个绝望的主妇一样开始躁动不安，它的身躯——湖水又开始从安静恢复到热闹的局面，水位不断上升，像巨龙一样向着四面八方奔腾，直到两小时后，马拉维湖才重现少女的宁静。全世界各国的地理学家一直以来都对马拉维湖神奇的水位变化感兴趣，而且各国科学家一直想解释这种神奇的地理现象，可结果总是让人失望。马拉维湖科学钻探项目组在两个地点共采取 623 米岩芯，2005 年 3 月项目完成。

图 4-18　马拉维湖

（4）青海湖科学钻探

在神奇的青藏高原东北部、西宁市的西北部存在着一个神奇的湖泊——青海湖，它地理位置位于东经99°36′~100°16′，北纬36°32′~37°15′。青海湖长有105公里，宽有63公里，湖面海拔高达3196米，是中国最大的内陆湖泊和最大的咸水湖。青海湖位于青海湖盆地内，该盆地由大通山、日月山与南山之间的断层陷落形成。青海湖的四周有四座宏伟的高山——大通山、日月山、橡皮山、南山。2005年，我国实施了青海湖科学钻探项目。该项目的科学家应用ICDP项目先进的GLD800湖泊钻探取样系统，成功实施了一系列浅钻获取了地学资料。通过青海湖科学钻探项目，研究人员获取了高精度的东亚古环境的地质信息，研究了青海区域的气候、生态和构造演变过程，以及青海的气候动力系统与其他区域甚至全球古气候变化的气候关系。

图4-19　青海湖

2.2.1.2　研究生物灭绝和陨石撞击的大陆科学钻探项目

（1）墨西哥尤卡坦半岛陨石坑科学钻探

2001—2002 年两年的时间里，国际科学钻探项目组实施了一项奇科苏卢布科学钻探计划，该项目的目的是通过科学钻探来研究几千万年前一次陨石撞击的时间。距今 6000 多万年以前，一颗巨大的陨石飞速撞上地球，在地球上引起了大火和海啸，熊熊大火烧毁了地球上的众多生命，陆上霸主——恐龙也是在那次撞击事件中牺牲的，大火燃烧产生的浓烟遮蔽了太阳，使地球暗无天日，地球的黑暗阻挡了植物的光合作用导致地球生物的萎缩。该计划得到了墨西哥和德国的积极支持。奇科苏卢布科学钻探计划的研究人员在离卡坦半岛陨石中心约 60 公里的地方，夜以继日地钻探取芯，原定钻探深度是 2500 米，在最后研究工作结束时钻探的深度是 1500 米左右。钻探取芯阶段结束后，研究人员把从地表取芯获得的样本分发给世界各地的科学家，让他们帮助分析样本中的成分。项目研究人员相信只有通过对样本中的成分进行分析才能知道 6000 万年前的那次撞击事件是如何导致恐龙灭绝和植物灭亡的。到目前为止，通过对取芯样本的分析，科学家已经对那块神奇的地底世界有了充分的了解，也对该地区的地质构造有了基本认识，但由于距离时间太长，导致现在还无法确切知道那次陨石撞击地球的具体过程机制是什么。尽管遇到了很大的困难，但是研究小组没有放弃对真理的追求，四国科学家联手，把下一步的研究对象瞄准了海底。刻苦的科学家们潜入海底，对奇科苏卢布陨石坑进行钻探。科学家们之所以有这样的计划，是因为陨石撞击尤卡坦的地点是在浅海部位，撞击坑的内部结构保持完整，有利于进行科学钻探。在陨石坑附近的不同地区，科学家们先安装了 125 个地震仪，然后在从实验船上向这些地震仪发出人工激发的不同频率的信号，这样就可以获取陨石坑的三维图像，同时，科学家还发射了 600~720 枚压缩空气弹，用来获取陨石坑的地质条件信息。项目组连续取芯钻进，完钻深度 1800 米。

（2）西非加纳博苏姆推湖陨石坑科学钻探

为进行陨石撞击构造、第四纪热带古气候及陨石坑填充物微生物学方面的研究，国际大陆科学钻探计划项目实施了博苏姆推湖（Bosumtwi）陨石坑科学钻探。在位于加纳库马西东南约 30 公里的地方有一个让人称奇的湖泊——博苏姆推湖。位于西非大地盾水晶矿床的博苏姆推湖是加纳国内唯一的一个自然湖。大约 100 万年以前，一颗天外飞来的陨石撞击了非洲大陆留下一个直径 10.5 公里左右的洞坑，随着时间的流逝，在大自然的塑造下，以前的陨石坑逐渐变成了被大树环绕的湖泊。非洲西部阿善堤地区的人认为博苏姆推湖是个居住着神明的地方，是将死之人的灵魂在此向上苍告别的地方。西非加纳博苏姆推湖陨石坑科学钻探项目组从 2004 年开始，在一个直径 10.5 千米的西非地盾结晶岩中的陨石坑中实施了一系列的浅钻，通过对提取样本的分析，科学家们在陨石地质构造和古生物学研究方面取得了显著的成绩。

（3）美国切萨皮克（Chesapeake）陨石坑科学钻探

为研究陨石撞击的过程、撞击产物及陨石撞击对地下水资源、地层、海平面和气候的影响，国际大陆科学钻探项目组在美国的戴玛瓦（Delmarva）半岛的巴林格陨石坑进行了科学钻探。1902 年，尼尔·巴林格这个当时美国成功的矿业工程师，在亚利桑那州弗莱格斯塔夫工作时，在其东部 55 公里处偶然发现了巴林格陨石坑，它是地球存在以来保存最完好的陨石坑，如今这个陨石坑仍归巴林格的家人所有。陨石坑直径 1.2公里，深 175 米，边缘比周围平原高出 45 米。据推测，巴林格陨石坑是由于陨石撞击地球所形成的，大约 5 万年以前，一颗直径估计有 150 英尺、重量达到好几十万吨的镍铁陨星，以极高的时速冲向着地球，这次撞击所产生的能量相当于 2000 万吨 TNT 炸药所产生的能量。从 2005 年 9 月开始，国际大陆科学钻探项目组在巴林格陨石坑进行钻探取芯；2005 年 12 月，当钻孔钻到 1770 米深度后完钻。

图 4-20　美国切萨皮克湾

2.2.1.3　研究火山和地热的大陆科学钻探项目

（1）美国长谷科学钻探

为了研究在一个正扩张的岩浆房上部发生的地质过程是怎样运作的，国际大陆科学钻探计划实施了长谷科学钻探。长谷超级火山，地处美国加利福尼亚东部中心的长谷河谷。火山臼的形成有两种作用原理，即"爆发陷落说"（Explosion-collapse theory）和"沉降说"（Cauldron Subsidence）。不管火山最终的形状是什么样的，最初火山都是由于喷发而形成的，如果在火山喷发后持续喷发，导致火山锥下方空虚，使火山喷发口进一步扩大，火山口扩大了就会形成所谓的爆发陷落火山臼，也就是说，火山臼的形成是在先爆发后陷落的基础上形成的。另有少数火山臼可能纯粹是因为沉降作用而成，在火山爆发的过程中由于岩浆的堆积直接导致火山较上地层的坍塌陷落，从而形成了断壁。在沉降火山中还有一种特殊的火山臼——涡状沉降。假如在火山喷发后有一块大小和圆形差不多的岩块沉落，陷入岩浆穴当中导致下方岩浆因为受到上方的压力，使火山口沿圆形周围的裂隙垂直蹿升，冷却之后造成环状岩墙，这种火山臼就是所谓的涡状火山臼。

约 310 万年前，长谷火山开始活动。长谷火山喷发所产生的流纹英安岩是在 310~250 万年前形成的，在之后 210~80 万年前的火山喷发过程中，长谷火山以富硅流纹岩为主，大约一共有 3900 平方公里的地方被长谷火山喷发的岩浆所覆盖。据推测，大约在 76~75 万年前，长谷火山爆发了自己最大规模的火山爆发，场面相当震惊人，580~800立方公里凝灰岩向四周飞射出来，仅温度高达 820℃的火山碎屑流就有约 300 立方公里，300 立方公里火山碎屑流释放出了大量的有毒气体，火山喷发所产生的烟灰加上火山碎屑流覆盖了长谷火山周围几千公里的地方，被烟灰所覆盖之地的动植物全部被毒死。没有沉到地面的火山灰被喷发到天空中，内布拉斯加州和堪萨斯州的空气中弥漫着火山灰。长谷岩浆库因为这次大规模的火山爆发被抽空了不少，导致地面塌陷了 2~3 公里，形成的塌陷火山口总长达到 32 公里，宽度有 18 公里。约有 350 立方公里碎屑物沉降在火山口内，这是由长谷火山喷出的空降碎屑沉降后所造成的。为了研究长谷火山的构造，国际大陆科学钻探计划实施了长谷科学钻探，钻探设计的钻探深度为 4 千米，分三个阶段实施，第三阶段的施工于 1998 年完成，钻孔深度达 2997 米。

（2）美国夏威夷科学钻探

为研究火山形成的机制和火山深处的地下水的运动，国际大陆科学钻探计划项目组实施了夏威夷科学钻探工程，钻探地点位于美国夏威夷岛的冒纳凯阿火山。美国的夏威夷群岛是由五座火山形成的，冒纳凯阿火山是形成夏威夷岛的五座火山之一，在冬天，山上能够看到很多积雪，从山脚下到山顶该火山有9000多米，高出我国的珠穆朗玛峰1000多米。冒纳凯阿火山是开展科学钻探和天文学研究的理想地点。从自然环境上说，冒纳凯阿火山山顶被高浓度的大气和水蒸气所覆盖，这样使观察者能够清楚的地看到星空影像；山峰的位置处在逆温层之上，使该地区全年有300多天能够观察到星星；冒纳凯阿火山位于北纬20度纬线上，使科学家和天文爱好者能够清楚地观测南北半球的天空；地质上该火山属于盾状火山，观察和科研设备很容易被运输到科研地点；夏威夷岛上人口较少，经济以旅游业为主，环境质量一绝。所有这些因素的综合使冒纳凯阿火山成为天文学家和天文发烧友的天堂。为研究火山形成的机制和火山深处的地下水的运动，国际大陆科学钻探计划项目组实施了夏威夷科学钻探工程，项目组计划应用钻孔钻穿形成冒纳凯阿火山的熔岩层，钻孔的设计深度达到4400多米，钻头的半径达到49.2毫米，钻孔采取连续取芯的钻

图 4-21　冒纳凯阿火山

探方式。夏威夷科学钻探工程在 1999 年开始分阶段实施，第一阶段钻孔深度达到了 3352.8 米，在第三阶段孔内复杂问题使钻探的困难加大，最后项目组不得不放弃钻探工作。

（3）日本云仙火山科学钻探

为研究火山喷发的动力机制和岩浆的地层活动，大陆科学钻探项目组在日本实施了云仙火山科学钻探。位于日本九州岛的云仙火山，是世界上著名的活火山之一，从长崎东部出发大约走 25 英里的路程就能到达该火山。1792 年，云仙火山首次喷发。这场火山喷发的处女秀表演前后延续了一个月的时间，由于长时间的火山喷发，这个火山群的"老成员"Mayuyama 火山的斜坡出现了倒塌。火山喷发导致山体滑落，滑落的岩石坠入海洋引发海啸，由于当时的海啸预警机制和防灾措施的落后，这次海啸导致 1.5 万人死亡，成为日本历史上最为严重的火山灾难。经过科学家们的努力，日本云仙火山科学钻探到现在为止共钻了 4 个孔，其深度分别为 750 米、350 米、1450 米和 1800 米。

图 4-22　云仙火山

（4）美国 Kolau 科学钻探

图 4-23　夏威夷火山群

美国 Kolau 科学钻探计划组，在檀香山附近选址进行钻探，钻孔的深度达到 680 米，项目组想通过取芯钻孔进行火山研究。美国的夏威夷火山群是与众不同的火山群。在我们平常的想法中，火山爆发的场景是相当吓人的，一旦火山开始爆发，炽热的岩浆就会向四处喷发，火山喷发所造成的岩浆灰笼罩着天空，意大利的庞培城就是被岩浆所淹没。夏威夷火山群是个独特的火山群，火山喷发时，人们不是四处躲避，反而却要兴致勃勃地前往观光。莫纳罗亚火山和基拉韦厄火山是夏威夷火山群中的活火山，按照夏威夷当地人的说法，基拉韦厄火山喷发的岩浆是碧蕾的爱情忌妒之火，因为基拉韦厄火山是失恋女神的定居地点。碧蕾莫纳罗亚火山喷发时所形成的岩火是全世界活火山喷发的最美岩浆之一。1959 年 11 月，莫纳罗亚火山的爆发是最神奇的一次表演，当时炽热的岩浆从一公里半的缺口处猛烈喷射出来，岩浆喷出的最高度都超过了纽约的帝国大厦，火山喷发持续的时间达一个月之久。在过去的两百多年里，它已经喷发了好几十次，至今山顶上还留有好几个由于火山喷发所导致的锅状火山口和宽达两千多米的大型破火山口。为了研究火山活动的地学状态，美国地质调查局在夏威夷国家公园专门建设了一座火山观测台，用来进行火山观察。

（5）冰岛地热钻探

为了研究如何使地热发电更加具有效率，国际大陆科学钻探项目组在冰岛实施了地热钻探。作为欧洲第二大岛国的冰岛，它位于北大西洋靠近北极圈的海域内，由于板块运动所造成的复杂地壳运动、地处美洲板块和亚欧板块边界地带的特殊地理位置上冰岛在自身形成过程中所产生的地形地貌，使冰岛成为世界上地热资源最丰富的国家。大家都知道，长寿命放射性元素，如铀238、铀235、钍232和钾40等，在衰变过程中，会由于自己的衰变过程产生很多热能。因为地球内部长寿命放射性元素的含量很高，所以当地球内部的这些长命放射性元素衰变时，会产生热能，这些热能在散发过程中会冲出地表，从而形成地热。由于冰岛位于北美和欧亚构造板块的边界地带，得益于地球板块在互相漂移的过程中会影响地球内部长命放射性元素的衰变，地质构造造就了冰岛成为世界上地热资源最丰富的国家。美洲板块和亚欧板块边界在冰岛的交界线的方向呈现出东北—西南方向，所以冰岛的火山全都分布在东北—西南方向的火山带上。地热田的分布与火山位置密切相关，冰岛的地热田也和火山的分布一样。高温和低温地热田在冰岛都有丰富的存在，以西南向东北斜穿全岛带为例：这个带上大约存在250个温度不超过150℃的低温地热田，分布着26个温度达到250℃的高温蒸气田。在冰岛的活火山地带、其他边缘地带的内部，都存在着很多的高温地热田，因为它们大多处于高度地带，所以岩石的地质年龄距现在还非常近。在这些岩石中，雨水之所以很容易渗透于岩石当中，是因为岩石渗透性好，所以在高温区地下水埋藏得很深。低温体系分布于火山区的外围。国际钻探项目组在冰岛实施的钻探目的是通过钻探开采超临界状态（压力 221.2 巴和温度 374.15℃）的地热流体来研究地热的形成过程。科研人员计划在温度 450~600℃的地热井中进行钻探，钻探深度原定是 5000 米、采用点取芯和连续取芯相结合的方法，在前 4000 米采用点取芯，而在后 1000 米采用连续取芯。由于计划施工应用的钻孔 RN–17 钻到 3100 米时，发生了孔内坍塌事故，科学家在经过持续努力修复无效后放弃了钻探计划。

图 4-24　冰岛地热

2.2.1.4　断层带科学钻探项目

（1）美国圣安德列斯断层科学钻探

为研究板块变形和地震产生的物理和化学过程，国际大陆科学钻探工程在美国的加利福尼亚州实施了圣安地列斯断层的科学钻探计划。

圣安地列斯断层是板块运动的结果，它是两大构造板块之间的断裂线。在西南运动的北美洲和西北运动的太平洋板块相互挤压的过程中形成了该断层。圣安德烈斯断层不同于普通断层，一般的断层是两个板块上下交错所造成的，而圣安德烈斯断层是西南运动的北美洲和西北运动的太平洋板块水平相互挤压形成了此断层。加利福尼亚州就处在圣安地列斯断层上。除了有些地方圣安德烈斯断层有明显的断裂痕迹外，大部分是隐蔽的。圣安德烈斯断层长度有 1200 多千米，断层伸入地面以下部分大约有 16 千米。圣安德烈斯断层是一个古老的断层，它的年龄已经超过两千万年。1906 年，圣安地列斯断层带的地壳运动引发了旧金山大地震，这次地震的灾害是惊人的，30 多万人无家可归，以及 3000 多人死亡。而圣安地列斯断层的尾部则已经安静了很多年，该地区已经有 250 多年没有发生大地震了，科学家们都表示现在它蕴藏的压力已经到达爆发临近点了。地震科学家表示，如果此断层蕴藏的能量一旦以地震的形式爆发出来，产生的危害将是惊人的。为研究板

图 4-25　美国圣安德烈斯断层

块变形和地震产生的物理和化学过程，国际大陆科学钻探工程在美国的加利福尼亚州实施了圣安地列斯断层的科学钻探计划。该计划的目标是通过在圣安德列斯活动断层钻探获取信息来检验有关地震机制的理论。计划钻探深度为 4~5 千米。

（2）台湾车笼埔断层科学钻探

为调查车笼埔断层在 1999 年发生里氏 7.6 级集集大地震后的物理学状况，国际科学钻探计划组实施了台湾车笼埔断层科学钻探。车笼埔断层是一条南北走向的东倾逆冲断层，地处台湾西部麓山带。在断层线东侧有很多的丘陵，如双冬断层、竹山丘陵、南投丘陵、丰原丘陵、凤凰山断层；断层西侧有八卦台地、台中盆地、桐树湖断层、斗六丘陵、彰化断层。1999 年以前，地质学者在台中县太平市车笼埔进行地质勘探的过程中发现了车笼埔断层崖，便取名为车笼埔断层。1999 年，车笼埔断层发生错动，造成了里氏 7.6 级的集集地震，地震使车笼埔断层在地表产生了百公里长的破裂面。地质勘查表明，集集地震造成的地震断层并非完全按照车笼埔断层的断层面进行位移滑动。台湾车笼埔断层科学钻探研究者，计划在断层处钻探两个孔，孔深分别为 2000 米和 1300 米，现在都已经全部竣工。

（3）希腊科林斯湾（Corinth）断裂带地球动力学实验室

为了研究断层的力学特性、流体对断层的影响，国际大陆科学钻探项目组在希腊 Corinth 断裂带上进行了科学钻探。参与项目的科学家们在断裂带上分别进行了三次打井钻探，钻探的深度分别为 500 米、700 米和1000 米。钻井之后，地质学家们分别在三个钻孔中安放仪器来获取地质信息，通过在 Corinth 断裂带上进行地球动力学实验，科学家们已经对断层的力学特性和流体对断层性态的影响有了清晰的认识。

2.2.1.5 其他科学钻探项目

（1）中国大别—苏鲁超高压变质带科学钻探

为了对世界上最大的超高压变质带的形成和折返机制进行深入的研究，国际大陆科学钻探项目组在中国，实施了大别—苏鲁超高压变质带科学钻探。大别超高压变质带研究项目，是世界上涉及规模最大、实施范围最广的地壳构造研究项目。大别—苏鲁超高压变质带，通常也被称为大别—苏鲁造山带，它是世界上最大的超高压变质带。在阿尔卑斯和挪威发现超高压变质带之后，大别—苏鲁超高压变质带是到目前为止，世界上所发现的第三条超高压变质带。大别—苏鲁造山带东西向展开延伸达1000多公里，该地质带西自陕西，经湖北、河南、安徽，向北进入江苏、山东等地。我国杨子板块与华北板块的相互碰撞，形成了现在的大别—苏鲁超高压变质带造山带。大别—苏鲁超高压变质带是进行大陆动力学研究的天然好场所，这些年来，大别—苏鲁超高压变质带吸引了法、德、美、土、英、日、韩等许多国家的优秀科学家竞相进入该地去进行选址研究。我国自主提出了"大别超高压变质带"的研究项目，它是国际大陆科学钻探计划该类别中唯一的一个项目，而且"大别超高压变质带"研究项目是世界上规模最大、实施范围最广的地壳构造研究项目。大别—苏鲁超高压变质带科学钻探的设计孔深5000米，采取连续取芯的钻探方式，2001年6月，大别—苏鲁超高压变质带科学钻探开钻，2005年3月，项目科学家以5158米深度终孔，停止钻探。

（2）加拿大Mallika天然气水合物研究井

为了研究了解天然气水合物的生存特性，及进一步了解加拿大极地地区的气候对天然气水合物特性的影响，国际大陆科学钻探计划项目组实施了加拿大Mallika天然气水合物研究井科学钻探工作。我们一般称持续多年冻结的土石层为永冻层（Permafrost），又称多年冻土或永久冻土。永冻层一般是分为上下两层的，上层又称冰融层或活动层，上层的特点是它每年冬季冻结，夏季融化；永冻层的下层称为多年冻层或永冻层，常年处在冰冻固结状态是它的物理特点。土木工程建设中必须考虑的重要因素就是土层的冻融变化，如果在可以融化的冻土层进行不恰当的土木施工，处置不当将带来严重后果。冻土层的厚度不是固定的，从低纬度到高纬度逐渐变厚，也就是说从低纬度到高纬度，永冻层的厚度慢慢变小，最后完全消失。北极圈的多年冻土厚度能达到千米以上，在北极圈冻土的年平均低温可以到 –15℃。从北极圈往南，接近永久冻土的南部边界，在南部多年冻层的厚度急剧减到 100 米以下，年平均低温是 –5℃ ~ –3℃。北纬 48° 附近大致是多年永冻层的南部边界，南部边界地段的平均低温趋向 0℃，1~2 米是冻土的平均厚度。跨越北纬 48° 这一界限，冻土的性质就从连续性冻土带过渡到不连续冻土地带。多种多样的分散性的冻土块体（也称为岛状冻土块）组成了不连续冻土地带。海拔高度影响了中、低纬高山和高原地区的冻土层的高度，海拔越低冻土的厚度也低，永冻层顶的埋藏深度越大。世界各国的科学家们现在都非常关注北极地区的暖化是否会造成永冻层的快速融化，已有研究发现美国阿拉斯加部分地区的永冻层正面临快速融解的压力。永冻层若出现大量融解的趋势，将对全球气候环境造成不小的压力。极寒冷地区常见的自然现象就是有永冻层的出现，永冻层岩石与土壤中的水是终年结冻，与此相对活冻层岩石与土壤中的水会在冬天结冻，夏天融解。永冻层具有重要的环境功能，永冻层可以吸收大气中的碳元素，有利于促进碳循环，温度的高低对有机物的分解和二氧化碳生成有重要的影响，温度越高越有利于排放，由于北极地区拥有冻土常年低温，所以它能够减速有机物的分解和二氧化碳的排放，进而减缓大气中二氧化碳的溶度。钻探项目组的科学家们准备在加拿大 Mallika 的永冻层中施工三个 1200 米深的井，其中一口是试验井，另外两口是观测井，通过实验对照来获取信息，了解天然气水合物的生存特性。

图 4-26　永冻层

（3）德国 KTB 垂直地震剖面

为了研究地壳内部较深部位的化学、物理性质，探索地球深部的物质成分、矿物结构、地壳的动力机制、生物演变的过程。德国提出了自己的大陆深钻计划项目（KTB），想借此项目，通过超深钻探来获取地球深部的地质信息，研究地球。该项目吸引了全世界许多国家的科学家，有 400 多位来自 12 个国家的科学家参与 KTB 计划。KTB 工程从提出到结束历经大概 15 年时间，累计投资达到 5.278 亿马克。这项计划由西德在 1977 年提出，科学家们经过 10 年科学论证、实地考察、精心选址，KTB 终于在 1987—1989 年两年的时间里完成先导孔施工。在钻探过程中先导孔采取全部取芯钻进的方式进行施工，钻进深度有 4100 米。钻头的耐温能力是惊人的，经过测量先导孔在钻探到 3989 米处时温度为 1184℃；

钻探主孔在 1990—1994 年四年的时间里进行施工，施工的钻探深度达到 9101 米，钻探到 4000 米以前，主孔不取芯，但会在钻探过程中连续采取岩屑样品的方式进行钻探。主孔取芯的深度是惊人的，最大取芯深度达到了 8085.1 米。由于主孔在施工过程中，钻探到在 305 米、5525 米、7144 米深处时三次发生了偏离，工程组在不同深处多次纠正并重新钻探，因此，KTB 实际钻进深度累计起来可以达到 10584 米，主孔在钻探到 8620 米处时，测量的温度为 2477℃。KTB 项目的钻探选址地带的地质是以岩石地貌为主的，钻孔所钻进的地质主要有角闪岩、角闪片麻岩、片麻岩、变质的辉长岩和大理岩等。科学家们在 KTB 项目范围内，共实施了 200 多项地学研究课题，取得了丰富的成果：证明了电导率测量（井）是研究深部岩层的一种重要的实用方法；科学家们弄清了地球深部岩层中地震反射体的本质是什么，证实在进行深部探测时，不能应用地表或浅层地震研究法；科学家发现超过 8000 米深处时，地球内部仍有大量卤水；KTB 在世界上首次通过钻探实地测量了大于 9000 米深处岩层中的引力；科学家吃惊地发现，钻孔在钻到 9000 米深处的岩石时，地壳还是有渗透率的，地球内部还有孔隙，还有水、气在其中自由地流动。在钻探技术上，KTB 项目也实现了多项创新。科学家开发了 VDS5 型垂直钻孔钻进系统，创造和研发了自动化程度高的巨型钻机和制作了高强度的钻杆，提高了孔底马达的耐热性，采用了小间隙套管，改进了绳索取芯系统，优化了数据采集与各种采样技术等。

2.2.2 美国科学钻探

美国在大陆科学钻探和深海钻探方面都走在世界的前端。美国是 ODP（大洋钻探计划）的发起国。1962 年，美国建造了格洛玛·挑战者（Glomar Challenger）深海钻探船。为了对全球海域进行深海勘查，美国深海钻探船在 1967—1976 年 10 年时间里走遍世界的各个海域，进行测量和勘察。在这 10 年期间，格洛玛·挑战者号深海钻探船共取得岩芯40000 米。美国科学家对深海钻探取得的岩芯、岩石样本进行了全方位的科学研究。科学家应用古地磁测量方法来分析元素的常量、微量和痕量分析；对岩石进行 X 射线荧光分析、洋底声速测定、岩矿鉴定；科学家还对获取的样本进行岩石学和结晶学研究；科学家还通过同位素研究、电子显微镜观测、年龄测定、磁性测定等分析手段对取样样本进行分析。美国深海科学钻探为地质学、海洋物理学、海洋生物学，提供了全新的一手资料，对资料的分析使科学家取得了惊人的成果：① Glomar 挑战号深海钻探船在全球的航行进一步查明了海底的矿藏，发现了深海石油构造，同时发现许多金属矿带，这些矿带含有丰富的锰、铁沉积层，铜、铬、钒等金属；②在美国开始发起勘探之前，海底扩张学说并没有得到实质性的证明，随着勘探的开展，通过对样本的分析，充分证实了海底扩张学说；③传统上，海洋科学家一般使用物理方法、遥测方法或零星岩样分析来对地球进行分析，而美国开始海洋钻探以来，结束了海洋地质学家单凭地球认识海底地质状态的时代；④通过海洋勘探，科学家对地震的研究有了进一步的理解，对以后的研究起了重大的推动作用；⑤ Glomar 挑战号深海钻探船对取样岩芯进行海洋古生物、古气候学和沉积环境等方法进行样本分析表明，南冰洋冰盖的年龄比过去推断高出了 4 倍。美国在深海钻探方面成绩斐然。

美国已经完成科学钻探项目有：

钻探深度为 9183 米的 Bertha-Roger 科学钻探项目；

钻探深度为 9159 米的 Badem 科学钻探项目；

钻探深度为 5822 米的 Nel.1 科学钻探项目；

钻探深度为 3220 米的 Salton Sea 科学钻探项目；

钻探深度为 3510 米的 Cajon Pass 科学钻探项目。

美国不仅是大洋钻探计划的发起国，而且还主动发起成立国际大陆钻探组织，同时，还是进行科学钻探最多的国家。为了对大陆板块漂移的动力形态、古气候变迁的机制、火山形成的过程、新型能源的探测等方面进行研究，美国的地质科学家进行过多项的大陆科学钻探，科技工作者们希望通过科学钻探来更好地了解人类居住的地球，为美国的可持续发展战略提供地学方面的支持。为了研究地壳和地幔的构造特征、物质成分、结构及其化学物理特征，探讨地表构造与地球物理场及地表构造和地球深部运动的关系，了解地球深部矿藏成矿作用的过程，以此研究新的成矿理论及进一步深入研究地学的其他若干基本理论问题，1962 年，美国提出大洋钻探计划。此计划一经提出，在国际上立即引起各国科学界的多方广泛重视，国际上地幔科学钻探计划取得了巨大的成功，不但使人类对地球的内部物理化学特征有了进一步的了解，还把深部地质学的研究进程推进到一个崭新的阶段。目前正在进行的科学钻探项目有圣安德鲁斯和夏威夷两个项目。

圣安德鲁斯虽是个小镇，却有着"世界地震首都"的雅号。圣安德鲁斯地处加利福尼亚州的帕克菲德小镇附近，地质属性是处在太平洋海洋板块和北美大陆板块的交界地带上。（太平洋海洋板块以每年大约一英寸的速度向北美大陆板块移动。帕克菲德之所以能够成为地震的著名地带，就是因为太平洋板块和北美大陆板块的激烈撞击蕴藏着巨大的地震能量。）圣安德鲁斯科学钻探项目的钻孔位置是在断层西部的太平洋板块上，科学家准备在钻探过程中穿透该断层，并最终使钻孔能够到达位于断层东部的北美大陆板块。圣安德鲁斯断层深层观测室工程在 2007 年竣工，最终的钻探深度有 4000 多米，超过原定的设计深度 4000 米。竣工后的钻孔能钻探到活跃的地震断层内部的地质活动，圣安德鲁斯断层深层观测室工程是世界上唯一的一个可以这样做的观测室。通过该观测室对钻探取得信息的分析，科学家们对板块运动引发的地震有了更加精确的认识，对地震预测的精确程度也有了进一步的提升，而且地质学家们对地球内部的物理化学成分及地质构造有了进一步的认识。

为了更好地研究夏威夷的地质形成历史、探索夏威夷火山的形成过程，美国加利福尼亚大学、夏威夷大学和加州技术研究所合作进行了夏威夷大陆科学钻探。研究者们计划，在夏威夷岛的"热点"火山上，通过科学钻探在它的熔岩中连续取芯，获取地质信息，来对地震过程进行探索。美国国家科学基金会为该项目提供了 1200 万美元费用。

美国科学钻探项目的钻进技术有其独特的特点。根据科学钻探目标的不同，美国的科学钻探项目会使用不同的钻探技术方法来进行不同的钻探。圣安德鲁斯科学钻探项目的研究目标主要是建成一个长期观测站，因为其钻孔主要用于安放监测断层位移、地震活动等观测项目的观测仪器，所以基本上可以不采取岩芯。夏威夷科学钻探项目的目标是研究夏威夷的地质历史、夏威夷火山的形成过程，由于岩芯是上述研究的必不可少的分析资料，所以，夏威夷科学钻探项目就非常重视岩芯采取率。

2.2.3 俄罗斯科学钻探

以 E.H. 别利亚耶夫斯基为代表的苏联地质学家，在 20 世纪 60 年代初期，根据地球深部物理资料提供的地质信息，立场鲜明地提出了苏联超深钻计划和科学深钻计划这一计划是按"全苏地球深部研究及超深钻研究规划"实施的。地壳深部地质结构的研究经历过三个阶段。20 世纪 60 年代是计划实施的第一阶段，该阶段的主要任务是：提出地球深部钻探的任务，在前期进行科学准备，为计划的实施制造地球物理设备和深钻设备等。20 世纪 70 年代是计划实施的第二阶段，项目计划组在萨阿特累、科拉半岛等地方进行了深钻试钻，深部地球物理探测也在一些地区同步进行，深钻试钻是综合研究计划的基础环节，这个实验阶段进展的顺利与否会直接影响下一步钻探工作的展开。为此苏联在 1964 年建立了超深钻探实验室，15000 的超深井方案在 1965 年被提出，"地壳深部研究与超深井钻探部门间科学委员会"也在 1970 年成立，这是一个庞大的科学委员会，它由苏联地质部牵头，95 个科研和生产单位也积极地参加了这个委员会。1986—1990 年苏联"十五"计划期间，项目计划组一共进行了 198 项深部地质结构的研究任务；1991 年苏联解体之前，苏联的大陆科学钻探计划一共设计了 18 口科学深孔或超深孔，其中，有 5 口的钻探深度大于 10000 米，有 15 口的钻井深度大于 6000 米。1981 年起是该计划实施的第三阶段，苏联的科学家们在该阶段有计划地进行地壳与上地幔综合研究。

科拉科学钻探工程不但是俄罗斯科学钻探的骄傲，也代表了钻探科学史上的一个奇迹。科拉超深钻井是继苏联空间站、深海勘探船之后的第三大科研成果，一直是俄罗斯科学家的骄傲。苏联科学家于 1970 年在科拉半岛开展科拉超深钻孔大陆科学钻探计划，到钻探计划结束时，钻探的深度达到了 12262 米，曾几何时科拉超深钻是世界上最深的钻孔，但这个纪录被卡塔尔和俄罗斯打破了。2008 年，卡塔尔在阿肖辛钻探了石油油井，当时的深度达到了 12289 米；2011 年，俄罗斯在库页岛打了一口名为 Odoptu OP-11 的油井，它的深度达到了 12345 米，科拉超深钻的钻探深度现在排名世界第三。科拉科学钻探工程的开展是在冷战的背景下开展的，苏联当时在各个领域和美国展开了竞争，出于与美国在深探方面的竞赛以及科研的目的，苏联挖掘了科拉这口井。苏联科学家们通过科拉超深钻探获取了地底一些意想不到的结果。卡拉钻探科研小组在地球深部发现了大量的氢沉积物，由于这些氢沉积物的数量相当大，所以当挖出的泥浆与氢沉积物一起从钻孔里出来的时候，整个泥浆都"沸腾"起来，科拉半岛超深钻井钻在钻探到 9000 米时，科研人员发现了富含金的岩石。

　　1970 年 5 月，苏联科拉钻探勘探工作开始，为了使研究者们能够全心全意地参与到此工程中去，苏联为每个参加此项钻探工作的人员在莫斯科提供一套公寓房，在他们工作期间，一个月平均工资水平能够达到大学教授一年的年薪。在这种诱人的激励下，成千上万的科研人员参与到了这个工程当中去，但是只有极少数的科学家有资格到现场参加此项研究工作的展开。科学家们为了对钻孔取得的岩芯进行及时的研究，直接在钻井现场成立了十六个实验室。苏联特别重视此项工程的展开，苏联地质部长直接领导整个研究计划的开展。1983 年，当科拉钻井的钻探深度达到 12000 米时，由于资金缺乏，苏联决定停止进一步钻进。1983—1993 年，科学家完成了 262 米的钻探工作。1994 年由于科研资金的严重不足，科拉超深井的钻探工作全面停止。钻探所获得的成果远远高出了整个钻探计划所花费的经费。

图 4-27　俄罗斯科拉半岛

2.2.4 后起之秀——中国大陆科学钻探

"第一次中国大陆科学钻探研讨会"在 1992 年举行。专家之间经过热烈的讨论，提出了中国大陆科学钻探的必要性。中国地缘辽阔，地质结构复杂；中国具有丰富的矿产资源，有丰富的地热资源，温度涉及高低两个等级；中国是个地震多发的国家，也存在陨石撞击的地形，可以进行钻探研究。所有这些特点都决定了中国必须参与大陆科学钻探。

中国是大陆科学钻探的首批成员国。1996 年经国务院批准，地矿部代表中国和德、美两国正式成立了国际大陆科学钻探研究项目，我国也正式成为该项目的首批成员国之一。我国自主提出了"大别超高压变质带"的研究项目，它是国际大陆科学钻探计划该类别中唯一的一个项目，而且"大别超高压变质带"研究项目是世界上规模最大、实施范围最广的地壳构造研究项目。从 2001 年我国开始实施"中国大陆科学钻探工程"，在科学家们艰苦奋斗了四年后，成功打下了深度达到 5158 米的连续取芯钻井，这口科学钻井位于江苏省东海县，钻探的地质是坚硬的结晶岩，"科钻一井"的钻探目的是研究大别—苏鲁超高压变质带的折返机制。

2.2.4.1 中国大陆科学钻探工程的 CCSD－1 号井

地球科学的学科发展已经有 250 年左右的历史，现在地球科学在不断发展和进步。以科学探测为目的、包括大陆和海洋在内的科学钻探，在世界范围内已经实施了 50 余年，并已取得辉煌成就。科学钻探不仅揭示了许多前所未知的地球奥秘，更新了若干传统地学理论观点，而且直接关系到与人类生活生存密切相关的国土利用、能源矿产、全球环境变化、地质灾害等重大问题，同时促进了地球科学与相关技术工程包括地球物理、地球化学、遥感技术、钻探取样、测井技术与分析试验等有机组合和技术进步。科学钻探已被地球科学界公认为当代地球科学的重大前沿，是国际岩石圈计划的重要组成部分，也是人类认识地球和改造利用地球的重大系统工程。因而科学钻探无论在哪一个国家或地区实施，对发展地球科学都有普遍意义。这就是说科学钻探具有国际性和全球意义。大陆科学钻探无疑是属于高科技领域。随着实践与用途的拓宽，其技术将不断发展与进步。

大陆科学钻探已是固体地球科学学科中的组成部分，起着必不可少的重要作用。在全球地球科学面临巨大挑战的今天，唯有钻探能够伸入地壳采取实真样品，打开测井观察通道，进行测试、分析与深部科学实验，进行深层次的岩石圈及其动力学的科学研究；同时勘查与研究深部持续的矿产、能源与地下水资源，并且研究与监测地震、火山与环境变迁。其内涵直接与人类生存、生活息息相关。中国大陆科学钻探具有鲜明的国际地位与地球科学背景，有丰富的科学主题内容。在中国实施大陆科学钻探，是时代发展的必然要求。

中国国家科技领导小组在 1997 年 6 月正式批准了"九五"国家重大科学工程项目，项目中就包含了中国大陆科学钻探工程。1999 年 9 月，"中国大陆科学钻探工程"项目书被国家计委正式审批通过。国土资源部负责项目的组织工作，中国地质调查局所属的中国大陆科学钻探工程中心负责项目的具体工作。计划中的项目总投资为 1.76 亿元，国家负责其中的 1.3 亿元投资，江苏省东海县成为钻探的选址地所在。国家发展改革委员会和国土资源部在 2007 年 12 月通过了 CCSD-1 号井的验收，通过该项目的实施，科学家们研究了大别—苏鲁超高压变质带的折返机制。

通过卫星确定井口坐标后，2001 年 4 月，中国大陆科学钻探工程 CCSD-1 井在江苏省东海县开始破土动工。CCSD-1 井当时是世界第三、亚洲第一深的钻井，钻孔的孔径有 256 毫米，最终钻探的井深达到 5158 米。

中国大陆科学钻探工程 CCSD-1 井的钻探过程存在三大难度：一是打井困难。当钻井深度超过一定的深度时，地球内部的高温就会溶解钻孔，而且在地球的内部还存在着高腐蚀性的溶质，会对钻孔产生影响，所以在钻探中必须采用高技术含量的钻孔。二是钻探困难。由于该钻探的钻孔深度设定是 5000 米以上，所以会面临着取芯的困难。三是钻孔容易打歪。

进行大陆科学钻探的主要困难有：地球内部存在超高地温，万米处温度可达到 260℃；垂直钻井困难，在钻探过程中钻柱易发生弯曲；地层结构复杂，难以获取资料，难以有效估计内部物质运作情况。比如，德国 KTB 钻探项目，当科学家们钻探到 3400 多米处时，井的倾斜度超过标准，同时在钻探的时候钻井遭遇地下断层，最终导致井底坍塌，最后形成了一个极大的地下空洞，当时的技术手段使科学家们没有任何办法去解决钻探所遇到的困难，最后在万不得已的情况下，科学家只能将坍塌的空洞用土填死，然后应用技术手段设法绕开这个障碍，使科学钻探计划得以继续进行。

为了规避上述的困难，国际上在进行地学探井过程中，往往都要进行两手准备，同时打两口井，先打一口井作为先导孔，先导井在钻探过程中，钻探的深度较浅，在完成上部地层岩石取芯任务之后，钻探再转移到正孔。其好处是，使上部井段在钻探过程中保持钻孔的直，来保证下部井在钻探过程中，它的倾斜度不会超过标准，这样就会使地学钻探达到预期的井深。CCSD-1 井为了能够达到实验预想的效果，实施了两孔施工方案，先导孔设计井深 2000 米，2001 年 8 月开始正式钻探。

CCSD-1 井要钻探的地点属于超高压变质岩，这种岩石的主要成分包括：石英岩、片麻岩、硫灰岩等硬岩，岩石硬度的最高程度为 12 级，CCSD-1 井钻探地下岩石硬度最高达到了 9 级。钻探的研究者们，在各式各样的钻探方式中进行了检验，经过艰苦的实验后，决定采用金刚石取芯、螺杆马达、液动锤的钻井工艺方法，正确地解决了地层坚硬，难以下钻的困难。

在石油钻井过程中，工程人员可以连续钻探去取油，而在CCSD–1井钻探过程中，由于钻探的深度有5000米，而且是采用全井取芯的方式去钻探，所以每取一次芯就得重新钻探，导致整个钻探工作的作业量非常巨大。

中国大陆科学钻探工程的发现是惊人的。一般人都认为，地球深部是不适合生命存在的，因为那里的生存条件极端恶劣，那里的地理环境是高温、高压、缺氧、贫营养。CCSD–1井的钻探人员发现在地下3910米的极端条件下还存在微生物，即使把这些钻探得来的微生物重新放回到人工制作的极端条件，它们也能顺利存活，所有这一切都颠覆了人类对生命极限的认识。

在过去人们一直认为只有在金伯利岩中才能存在金刚石，如果要想找到金刚石就必须先找到金伯利岩。但是江苏地矿厅却在含柯石英榴辉岩原岩中，发现了两颗钻石，现在科学家已经了解到板块边缘的超高压变质带也是寻找金刚石矿产的新方向。

2.2.4.2　金川科学钻探

金川科学钻探课题组由中国工程院院士汤中立带队进行研究。2012年3月，金川矿集区科学钻探钻孔开钻，该项目组的科研人员通过把世界同类岩浆矿床和金川铜镍硫化物矿床进行对比分析发现，世界上最大的镍矿体就处在金川矿床上。

2.2.4.3　罗布莎科学钻探

我国目前最大的铬铁矿床就是西藏罗布莎铬铁矿，为了进一步开展深部找矿工程，解决我国铬铁矿资源匮乏问题，研究铬铁矿成因，我国实施了罗布莎科学钻探工程。国土资源部组织的《西藏罗布莎铬铁矿区科学钻探选址预研究》课题组，在中国地质科学院地质研究所研究员杨经绥的带领下，通过钻孔岩芯和地质综合研究，重塑了罗布莎蛇绿岩的形成与就位过程，并与雅鲁藏布江缝合带内的其他蛇绿岩岩体进行对比，探讨了蛇绿岩及铬铁矿的成因。

深度分别为 1477.8 米和 1853.79 米的两个钻孔的科学钻探工作，在罗布莎矿区完成。罗布莎科学钻探的钻孔穿透了罗布莎蛇绿岩体，显示这种岩体的主要成分是地幔橄榄岩片，通过对岩石样本进行分析，发现了一个倒转的蛇绿岩层序。地球物理资料表明，罗布莎岩体是一个构造岩片，通过钻探，科学家们也揭示了印度/亚洲碰撞后罗布莎蛇绿岩的形成过程。

在以前人们都认为，只有罗布莎才是雅鲁藏布江缝合带唯一含金刚石的超镁铁岩体，但通过罗布莎科学钻探发现，在不同蛇绿岩体中，都存在着金刚石等超高压矿物。通过对金刚石系统的同位素分析发现，它的成分和金伯利岩与俯冲带中的金刚石不同，它是一种新类型的金刚石，命名为"蛇绿岩型金刚石"。

2.2.4.4 腾冲科学钻探

云南腾冲拥有各式各样的火山和温泉，它处在西南著名的地震活动区。国土资源部组织了云南腾冲科学钻探。通过对腾冲地块构造、火山、地热和地球深部探测四个方面的研究，全面解读研究地区的构造演化、火山喷发旋回、岩浆演化序列、地热异常区分布、地热泉水的开发利用潜力，揭示大型韧性走滑剪切带走滑过程及其对青藏高原物质向东南的流动和逃逸所起的作用，及对地块内新生代火山岩盆地的制约。

2.2.4.5　庐枞科学钻

长江中下游的庐江—枞阳火山岩铁铜矿集区，位于长江中下游的构造——岩浆成矿带的中段，这个地段含有丰富的有色、黑色、贵金属及非金属矿产。国土资源部组织的《东部矿集区科学钻探选址预研究》课题组在中国地质科学院地质所研究员吴才来的带领下，通过把长江中下游地区晚中生代发育的庐枞火山盆地和其他火山岩盆地进行对比研究，发现橄榄玄粗岩系列火山岩盆地和高钾钙碱性系列火山岩盆地组成了长江中下游地区晚中生代发育的一系列火山岩盆地。庐枞科学钻探研究小组在根据火山地质、地表蚀变矿化、地球物理等综合论证的基础上，确定了预导孔的钻探孔位，2012 年 5 月研究人员开始钻探开孔，2013 年 6 月停止钻探，最后停止时的孔深达到了 3008.29 米。

2.2.4.6　铜陵科学钻探

铜陵矿集区地处长江中下游，它的矿藏位置是多金属成矿带的中部。铜陵矿集区是我国重要的有色金属基地，该矿藏区存在丰富的铜矿，深部找矿潜力巨大。

钻探过程中发现，从开孔到钻进 848.5 米时钻孔所经历的岩石全是粉砂质页岩、志留纪页岩、千枚状页岩，其中在 782.84 米处见到一层厚 9.63 米的角砾岩；在 848.5 米开始见到 30.5 米厚的花岗闪长斑岩。从 87~1774.95 米，钻孔所钻到的岩石又是粉砂质页岩、志留纪千枚状粉砂质页岩、角岩。

2.2.4.7　南岭科学钻探

于都—赣县矿集区跨越南岭成矿带和武夷山成矿带两个成矿带，该矿集区拥有丰富的矿产资源，拥有很大的找矿潜力。对于我国来说，于都—赣县矿集区具有重要的战略地位，因此，它也成为我国深部探测专项科学钻探重点示范实验区之一。南岭科学钻探取得了丰厚的成果，项目组通过对实地勘探经验的总结，建立了在不同的地方为不同目的而需要采取的钻探方法，这些方法应用到现实勘探作业中，并取得了实效。

2.2.4.8　莱阳盆地科学钻探选址预研究

科学家为了研究北、南中国板块汇聚的过程，一般都会把研究地点选在莱阳盆地。中国地质科学院地质研究所研究员张泽明、吴元宝带领课题组，通过仔细的研究发现三叠纪变质锆石，它的出现表明超高压变质岩在早白垩纪之前剥露到地表。胶北地体的太古代岩浆作用可分为三期，可能存在早太古代地壳物质，与华北板块更具构造亲缘性。苏鲁造山带存在超高压变质流体，变质流体形成在超高压变质作用峰期和早期折返阶段。苏鲁造山带的超高压片麻岩在折返过程中发生了部分熔融作用，地质带广泛的流体活动和榴辉岩的退变质作用就是由熔融作用所产生的含水熔体引起的。

》2.3　"地壳一号"万米钻探机

2.3.1　立足祖国冲出世界——万米钻探机的研制目的

"地壳一号"万米钻机的研究设计是为了满足我国深部探测钻探取芯的需要，同时兼顾石油天然气钻探和深部地热钻探的需要。一个国家钻探技术的高低直接反映了其综合国力的强弱，通过对"地壳一号"万米钻机的研究设计，可以为我国的地学勘探研究建立强大的技术支持，使我国摆脱在地球探测研究中依赖外来技术的影响，赶超国外的技术水平，"地壳一号"万米钻机的研究设计还可以为我国日益增长的资源需求提供技术支撑。

图 4-28 "地壳一号"远景图

2.3.2 万米钻机的参数

高：井架高 60 米 =30 层楼

重：全套重量约为 1500 吨 =300 头五吨大象

力量：700 吨大钩载荷 =140 头五吨大象

钻深能力：10000 米钻深能力 = 地下 10 公里

功率：4160 千瓦 =1.5 倍

图 4-29　30 层高楼

图 4-30　大象

图 4-31　火车头

图 4-32　足球场

2.3.3　硕果累累的成就

2.3.3.1　学术成就

截至 2013 年年底，万米钻机研制工程共发表学术论文 32 篇，其中，见刊 18 篇，被期刊杂志录用的有 9 篇，在参会时产生了会议论文 5 篇，发表 SCI 检索的有 8 篇，EI 检索 9 篇。为万米钻机研制工程举行国际会议 4 次，国内会议达到 5 次以上。万米钻机研制工程研制过程中，共申报了 28 项专利，其中实用新型 15 项，发明 13 项。该工程也培养了数量庞大的地学科研人员，共培养硕士研究生 18 人，博士研究生 7 人。

2.3.3.2　"科松二井"——"地壳一号"实施万米钻探第一站

为了更好地开发深部地球资源，充分发掘大庆深部油气潜力，为进一步部署深部地下实验室工程的前沿性项目，中国实施了松辽盆地大陆科学钻探工程（以下简称松科二井）。截至 2016 年 4 月 22 日上午 8 时，科松二井已经钻探了 4660.14 米。到目前为止，科松二井取得的成就主要包括：通过科松二井的钻探获取了完整的白垩纪地层连续沉积记录，为我国白垩纪陆相沉积记录填补了空白；为建设"百年大庆"建立起了坚实的技术基础。

2.3.4 设备展示

2015 年 8 月 22—23 日，中国地质调查局组织有关专家，在黑龙江省大庆松辽盆地大陆科学钻探二井井场对深部探测专项"深部大陆科学钻探装备研制"课题（SinoProbe-09-05）进行了现场验收。专家组认为，课题组经过联合攻关，开发了深孔井壁稳定预测软件，自主创造了"地壳一号"万米大陆科学钻探钻机系统，建立了耐高温钻井液体系，研发了耐高温电磁随钻测量系统，自主研发了深部大陆科学钻探钻具系统及配套的钻芯技术，开发了耐高温固井材料等。

2.3.4.1 高转速大扭矩全液压顶驱系统研制

项目成功完成了高转速大扭矩全液压顶驱的系统设计、加工制造、组装和工厂实验测试及实地使用工作。在广泛调研各类顶驱装置、深入分析顶驱各部分结构及功能的基础上，根据深部大陆科学钻探工艺要求，确定高速大扭矩全液压顶驱性能参数；采用机电液综合技术手段，敲定了高速大扭矩全液压顶的设计方案，成功实现了"地壳一号"全液压顶驱系统设计；基于 Autodesk Iventor 及 CAD 软件建立"地壳一号"全液压顶驱液压系统模型，分析其动态特性；对全液压顶驱关键零部件进行了有限元分析，对受力较大部位，进行了优化设计；研究了全液压顶驱齿轮箱热平衡状态，并基于 MATLAB 软件对全液压顶驱齿轮箱热平衡进行仿真分析；完成了全液压顶驱系统加工制造、工厂试验及现场施工试验。

2.3.4.2 高精度自动送钻系统研究

完成了高精度自动送钻系统设计、加工制造及实验。在对科学钻探钻进工况进行深入研究，对作用于岩石上的压力传递过程进行分析的基础上，完成了自动送钻系统结构优化设计。对盘刹自动送钻和小电机送钻进行了实验研究。实验测试小电机自动送钻的钻压波动范围，结果表明钻压

波动范围在 ±3 千牛以内。对控制方法进行研究，设计了自适应模糊控制器，对此进行了仿真分析。运用 PID 控制与模糊自适应 PID 控制均能达到系统设计要求，虽然模糊控制稳态较 PID 控制要大些，但它的响应及平稳性优于 PID。应用运动学和动力学分析系统，对起升系统进行了研究，成功创立了起升系统的仿真模型，成功找到了对自动送钻钻压影响最大的因素。

2.3.4.3 高精度自动拧卸和摆管装置研究

完成了自动摆排管机设计、加工制造及试验测试。实现钻杆在井口与排放架间往复自动传送及排放；对主要工作机构及液压系统进行设计及计算，对关键零部件进行强度分析。研究液压系统动态特性、系统运动学及动力学特性，对自动摆排管机进行了试验研究，验证了自动摆排管机的工作性能。

完成智能化全液压铁钻工设计、加工制造及实验。根据科学钻探拧卸钻杆柱的工艺过程和技术要求，结合钻机平台的空间，设计了铁钻工。对其进行了运动学、动力学理论分析及仿真模型，掌握了机构的动力学性态，验证了系统的性能。建立了负载敏感液压系统的重要组成部分即负载敏感泵与负载敏感阀的仿真模型，对建设的模型的准确性进行了验证，成功实现了液压系统主要回路的模型建设和仿真分析。

完成了全液压自动猫道设计、加工制造、调试及现场试运行。进行全液压自动猫道的方案设计，获得了全液压自动猫道发明专利。成功设置了基于 Autodesk Inventor 的"地壳一号"万米钻机全液压自动猫道三维实体的仿真模型；对全液压猫道进行了动力学、运动学的模拟分析；建立了刚柔耦合模型，并进行了仿真分析；对猫道关键零件进行了有限元分析，对受力较大部位，进行了优化设计；完成了猫道的加工制造、工厂调试试验。

2.3.4.4 科学钻探钻机数字化样机研发

完成了钻机整机系统的数字化设计。钻机集成采用模块化设计，集机、电、液、数字控制于一体，钻机的智能化、自动化、网络化、信息化程度高。完成了基于虚拟样机技术实现钻机系统的性能试验及关键零部件的结构优化分析。完成了数字化功能样机系统集成。钻机研制以复杂地质条件下钻柱动力学理论为基础。基础国际通用数字化功能样机平台，采用全数字化液压驱动控制技术，解决多台电机驱动时的电机同步和负荷均衡分配，实现钻井参数实时监测和对升降机、回转器和自动送钻的智能化控制。

2.3.4.5 科学钻探专用钻机整机系统集成与实验研究

完成了钻机实物样机集成与实验。将钻机动力机、井架、泥浆泵、供油气及水系统、钻井仪表工业电视监视系统、移动运输方式等进行模块化设计和系统集成；并对钻机进行调试和试验钻孔施工，为关键设备的安装调试准备各种接口。

2.3.4.6 钻探工具系统和取芯技术研究

完成了液动潜孔锤的样机试制，在 WFSD 工程进行的生产试验中机械钻速相对提高超过 80%。运动密封副的寿命决定了液动锤的整体寿命，针对这一问题，将硬质合金堆焊、硬质合金喷涂、纳米硬化面、注渗碳化钨、微粉金刚石电镀等工业新技术应用到液动锤运动密封零件中，室内试验测试表明，采用注渗 WC 工艺用于运动密封副中可大幅度提高液动锤工作寿命，但是由于该工艺加工时变形较大，需严格控制加工精度。

2.3.4.7 高强铝合金钻杆研制

深部大陆科学钻探对钻杆的性能具有很高的要求，为此中国钻探科研人员研制出新型高强铝合金及高强耐热铝合金。与吉林麦达斯公司合作，研制出高强铝合金钻杆样件，对铝合金管体与钢接头的热组装、冷组装工艺参数进行了设计、计算，并用于指导组装操作，成功实现了铝合金管体与钢接头的过盈装配。

2.3.4.8　仿生取芯钻具及仿生钻头设计软件研发

研制出仿生 PDC 钻头和仿生孕镶金刚石钻头。完成 PDC 钻头累计进尺 540 米，仿生孕镶金刚石钻头累计进尺 629 米的实物工作量。引入仿生理论，从仿生工程学的角度出发，研制钻头自动设计软件系统，制定相关技术参数，设计人机对话窗口。

2.3.4.9　科学钻探所用的耐高温电磁随钻钻探系统研究

完成外管绝缘短节的方案设计。完成了电磁随钻测量系统总体结构设计。完成了电磁信号发射、传输和接收的设计加工及试验验证。

2.3.4.10　耐高温钻井液体系研究

对国内外耐高温泥浆材料进行了系统的评价，为后续高温钻井液技术研究提供依据与参考。在钻井液高温稳定机理研究和评价方法研究方面，提出泥浆处理剂高温条件下的化学变化是影响钻井液性能变化的主要因素。针对密切高温钻井液评价方法上的不足，与现场施工工况紧密结合，制定了更加完善的高温钻井液评价方法。

2.3.4.11　耐高温固井材料

根据大陆科学钻探对固井材料的要求，分析了固井材料主要成分——水泥的水化机理，特别是温度和压力对水化反应的影响。研究了常用固井材料组分的特性，特别是高温缓凝剂的选取，构建了高温高压固井材料试验方案，确定各性能参数的试验方法。通过正交试验确定了最优配方。

2.3.4.12　深孔井壁稳定性研究

重点分析了地层井壁围岩的应力应变规律，综合研究高温高压条件下的地应力、钻井液地层相互作用机理、破碎带漏失及堵漏机理等关键因素，提出了深孔井壁稳定性模拟评价方法和实验系统方案。通过研究深部钻探井壁的稳定性，建立井壁稳定性热—流—固数学耦合模型，编制出一套预测井壁稳定性的软件。

2.3.5　深部大陆科学钻创新点

项目组对深部大陆科学钻探装备开展攻关研究，在自主研发和借鉴国外先进经验的基础上，经过四年的潜心研究，突破了多项重大基础理论与关键技术，在结构设计、控制方法、理论研究方面取得了以下创新：

（1）科学钻探所用钻机的数字化样机研制

数字化样机的研制得益于多软件与多物理场联合仿真技术的使用。这样就建立了万米钻机及关键部件的仿真模型。仿真模型的建立，不但摸索出了万米钻机的数字化研究方法，也提高了整个钻探系统及其关键部件的研发速度和效果。在计算机虚拟环境中，对顶驱系统进行了三维建模、虚拟装配、空间分析、运动学分析及动力学分析，通过分析多种设计方案的优缺点，为设计人员选定最终方案提供了支持。

（2）新型顶驱液压系统的研发

针对在高转速、高温环境工作下，液压顶驱散热能力较差，导致钻机无法连续工作的技术难题，项目组通过攻关，自主研发了顶驱液压系统，解决了液压系统散热的难题，实现了技术突破。

（3）自主创新研发了高精度送钻系统

完整建立了钻压分析求解方法，首次完整建立了钻柱非线性耦合动力学建模与求解。为自动送钻研究提供了理论依据，采用小电机自动送钻系统，对影响自动送钻精度的因素进行了深入研究，提出了模糊自适应控制方法。

（4）发明了"地壳一号"万米大陆科学钻机自动化摆排管装备，填补了该研究领域的空白。

（5）全液压智能化铁钻工的技术研究

针对国内钻井上、卸扣钻具设备主要以液压动力大钳或改良后的液压动力大钳为主，劳动强度大，安全性差，作业效率低的问题，创新研发了智能化铁钻工。

（6）发明全液压自动猫道

如今，在国内钻井平台的实地作业施工中，人工操作钻具是主要的方式，智能化、自动化的水平偏低，在操作过程中至少需要4名工人合作完成，工作效率不高，同时工人劳动强度大安全得不到保证，而且钻具在输送过程中极易造成不同程度的损坏而影响使用寿命。针对这种状况，研发了由全液压驱动的自动钻具输送装置，实现钻杆、套管、油管、钻铤和其他钻具之间从地面到钻台面之间的输送或反向输送，为"地壳一号"万米钻机配套使用，也为超深井钻探提供一种新型装备。

（7）完成我国最大深度可用大直径液动锤钻具的研究

从而在大直径液动锤的设计、制造和操作工艺上取得突破，进一步巩固了我国液动锤技术研究和应用的领先地位。

（8）完成配套深部液动锤冲击回转用大口径多功能取芯钻具的研究

使我国在深井坚硬结晶岩中的薄壁大口径取芯钻进技术实现突破，大大改善了深孔岩芯采取质量，提高了钻探技术对地球科学研究的服务和支撑能力。创新设计了球挂式岩芯爪钻具结构，使内总成悬挂在钻井时不受泵压波动的影响，投球割芯的工作泵压低。

（9）成功研制出了 Al-Zn-Mg-Cu 系超高强高纯高韧 7E04 铝合金

研究确定了4种合金的均匀化退火工艺，以及组织调控技术、高温处理调控弥散相技术、变断面铝合金管体的一次挤压成型技术。

（10）研制成功用于地质钻探和油气钻井系列仿生孕镶金刚石钻头及仿生钻头设计软件

引入仿生耦合理论，利用相似原理，遵循生物自再生规律，模仿土壤动物结构形状，研制出了硬岩钻探用仿生孕镶金刚石钻头和中硬岩层钻探用的仿生 PDC 钻头，开发出应用钻头自动设计软件系统，提高了钻头设计质量。

（11）发明了高强度外管绝缘短节。

（12）成功掌握了如何将数据编码以无线电磁波信号形式发射至地表，这是随钻测量系统研究的技术难点和关键问题。

（13）利用高温泥浆材料之间的配伍性及高温保护剂的保护作用，提高钻井液的耐温能力，实现高温钻井液耐温新突破。

（14）模拟现场施工工况评价钻井液的性能，如高温流变性评价增加黏度恢复率、通过加重后泥饼厚度变化衡量悬浮性等，使高温钻井液的评价方法更加完善、可靠。

（15）构建了高温高压固井材料试验方法：通过正交试验确定了最优配方。

（16）基于宏观力学，建立适合岩体的多层结构模型，在考虑力化耦合的基础上提出适合理岩体的各向异性强度准则，为井壁稳定性研究提供了新模式。

（17）提出可行的深孔井壁稳定性评价方法和软件。

图 4-33　钻探现场专家合影

图 4-34　专家们到操作台上进行自动送钻装置的测试

245

图 4-35　专家们考察泥浆处理系统

图 4-36　专家们考察供电系统

3 野外试验示范基地——设备练马场

》3.1 实践出真知——野外试验与示范的意义

地壳探测工程离不开仪器装备，所有的仪器装备都必须通过试验的检测和验证，野外的试验研究是地质仪器装备研制的必备过程，只有通过野外试验，才能证明其性能、质量、适应性和可靠性，才能发现其存在的问题，才能进行修正和完善，使其更加符合实际和具有实用性。因此，标准化的野外试验与示范基地就成为检验仪器装备的必备条件，也是自主研发仪器装备和走向国际化所必需的。为此，建设一个高标准的野外实验与示范基地对发展地壳探测仪器装备、保证地壳探测工程的实施、提高地壳探测工程质量、发现和解决重大科学问题、找寻矿产资源，解决国计民生的重大问题，都有重要的意义。

在进行深部探测装备与技术的自主研发过程中，野外实地检验起着非常重要的作用。各种技术设备标准的可靠性，必须经过野外的实地检测才能建立起来，没有经过实验阶段的验证，就无法对各种探测仪器的性能和质量进行比对研究，只有经历过野外的实验阶段才能对仪器的可靠性和精确度进行检验，只有经过检验这些仪器才能在市场上同其他国家进行竞争。

》3.2 辽宁省兴城地质教学与实验示范基地

吉林大学在辽宁兴城，精心选取了 109700 平方米的地方，建立了深部探测关键仪器装备野外实验与示范基地和地球物理方法仪器测试基地。该教学与实验基地拥有完备的教学基础设施，基地不但拥有教室、会议室，还建立了文体活动场所和计算机网络设施，实习住宿床位可以一次性满足 1200 个人的需要。兴城地质教学与实验基地是我国北方地区设施完好的地质教学与实习基地。

国土资源部"深部探测技术与实验研究专项 (SinoProbe)"是"地壳探测工程"的培育性项目。该专项由中国地质科学院组织实施，国土资源部归口管理。专项的核心任务之一，是在一些具有重要资源意义、地质意义、生态意义的地方创建实验设备的监测基地。吉林大学负责了"深部探测关键仪器装备野外实验与示范 (SinoProbe-09-06)"项目的实施，在辽宁兴城建立深部探测实验基地，以满足自主研发的深部探测仪器与装备野外实验与测试的需要。为此，项目组成员围绕吉林大学兴城地质教学基地及周边地区开展了大范围野外地质和地球物理勘探工作，确定了南起菊花岛、经由杨家杖子钼矿、北至娘娘庙的地质走廊带作为深部探测实验基地。徐学纯教授带领课题组，在葫芦岛深部探测仪器装备野外实验与示范基地，完成了重力、大地电磁、地震、遥感和钻探等主要探测技术方法的野外

图 4-37　辽宁兴城地质教学实习基地

实验研究，并发现了有价值的矿产资源目的层。研究团队的下一目标是建立一个具有国际化超高水平、标准很高、三维可视化的深部探测仪器装备野外测试和实验基地。

》3.3　项目评价

2014 年 12 月 29—30 日，中国地质调查局组织有关专家，在长春对深部探测专项 SinoProbe-09-06 "深部探测关键仪器装备野外实验与示范"（公益性行业科研专项项目编号 201011083）课题进行了结题验收（如图 4-38、图 4-39 所示）。验收专家组由来自中国地质调查局、国土资源部、中国地质科学院、中国科学院大学、中国国土资源航空物探遥感中心、吉林大学等单位的 3 位院士和其他 12 位业务与经济专家组成，包括专家组组长李廷栋院士，副组长石耀霖院士，前专项领导小组组长、国务院参事张洪涛研究员，林学钰院士等。

图 4-38　SinoProbe-09-06 课题负责人黄大年教授在汇报课题成果

图 4-39　评委们在进行软件和 2D、3D 展示系统的现场考察

在结题验收专家评审会上，评委们认真审阅了课题成果报告、论文汇编、专题报告、专利与软件著作权证书、软件平台使用手册、科普报告和其他有关材料，课题负责人黄大年教授和徐学纯教授向项目组成员进行了仔细的汇报和答疑。

专家组在经过激烈的讨论后，形成了以下共识：

SinoProbe-09-06 课题组，组织设置了我国第一个深部探测仪器装备野外测试基地，制定了完整的配套管理办法，从而为我国自主研发深部探测仪器提供了很高标准的野外研究基地。在杨家杖子盆地石炭系中实验探测中发现了分别为 3 米、12 米和 5 米厚的 3 个煤层，估算的炭储量高达 6 亿吨以上，取得了该区深部找矿突破，预示了该地区具有重要的煤炭资源潜力和找矿前景。野外深部探测实验基地的建立，为促进地学多学科交叉、提高人才培养质量和科普教育提供了综合平台。

第五章
"深部探测"明天更灿烂

1 总结

很多书籍、电影旁白都会引用这样的一句话"在人类的历史长河中……"，但人类的历史相对于地球的演化时间来说，连一瞬都算不上。在46亿年漫长的岁月中，地球上生命的演化经历了无生命到有生命，低级到高级，直至人类成为了地球上生命的主宰。直到20世纪，借着科学技术发展的东风，人类开始摆脱地球引力，去探寻那憧憬已久的宇宙空间。人类在1969年已经完成登月，现如今正在为登陆火星做准备，"旅行者一号"探测器目前已经飞离太阳系，驶入星际空间，飞往下一个恒星。与此同时，对于生养我们的地球人们却了解得非常有限。面对全球性的资源、环境、能源、灾害等重大问题的困扰，人类不单是力不从心，很多情况下甚至无能为力。

图 5-1 旅行者 1 号

但这种无奈，很可能在不远的将来就被会打破。人类会通过自身的不断努力来解决问题，克服困难。20世纪70年代，很多国家开始布局向地球深部进军的战略，大陆科学钻探项目在很多国家都陆续开展起来，这种地球探测计划具有划时代的意义，是解决重大地学前沿问题的起始之路，也是必由之路。比如，地壳中流体的成因是什么，由什么构成，遵循什么运行规律；金属成矿的作用机制，矿床的起源；盆地是如何演化的；油气的起源，富集和迁移的规律；地震的机制是什么；灾害如何进行评估和预防等相关问题。

大陆科学钻探作为一个高新科学技术项目，苏联在这方面打响了"第一炮"，而美国、德国、加拿大、英国、澳大利亚等国家也不甘落后，纷纷行动起来。是什么原因吸引了这些国家竞相开展这个计划？答案非常简单，因为大陆科学钻探项目给相关实施国家所带来的效应是不可估量的，它不仅能解决地学中重大前沿问题，提升对地下未知领域的认识，还有可能影响国家的经济发展。

2 在我国实施地壳深部探测的意义

以现阶段的社会发展情况来看，人类对金属矿产资源的需求愈发强烈，而目前开采的现状是，地表和浅层资源已经越来越少，无法满足当前各国社会发展的需要。就我国目前情况来看，对金属矿产资源的需求只会大幅度增加，资源上的缺口将会长期制约我国经济和社会发展。唯有发现新的矿产地，拓展现有找矿空间，才是解决金属矿藏供需矛盾的根本途径。因此，深部找矿是解决相关难题的关键。

》2.1 是我国科学规划的战略大布局

"上天""入地""下海""登极"是任何一个具备相关实力国家

一直密切关注的科学行动，其中每一项上的进步都代表着相关国家科技水平的发展和综合实力的提升。目前，我国在上天、下海、登极方面已经取得了重要的成就。以载人航天为例，1999年，"神舟一号"圆满完成"处女之行"；2003年，"神舟五号"成功搭载首位宇航员杨利伟顺利前往太空，并且成功绕行地球14圈；2008年，"神舟七号"宇航员翟志刚完成首次太空行走；2011年"神舟八号"与天空一号首次成功对接；2012年，"神舟九号"同天宫一号实现自动交会对接；2013年，"神舟十号"在轨飞行15天，首次开展了太空授课活动；2013年，嫦娥三号探测器成功落月，"玉兔号"巡视器顺利驶抵月球表面。以深海探测为例，我国自主研制的载人深潜器"蛟龙号"已取得海试7000米级别的成功，目前国际上也仅有美国、法国、俄罗斯和日本拥有6000米级的深海载人潜水器。这种深海载人潜水器在地质、地球物理和海洋生物等方面都有大量的重大发现。以极地科考为例，我国科学家的足迹早已踏上南极和北极，并且已被列入年度例行计划，中国已经成为南极科考的重要国家。同在"上天"、"下海"、"登极"所取得的成绩相比，我国在入地方面尚显落后。

图 5-2　天宫一号

图 5-3　蛟龙号

从国家对矿产资源的需求角度上来看，地球深部信息的缺乏将会导致地质科学理论创新、地质灾害预警能力和资源勘查能力的多方面落后。发达国家于 20 世纪 70—90 年代已经完成一轮深部探测，已经牢牢占据了地质科学领域的前沿制高点。近 30 多年来陆续出现新的地质科学理论，绝大多数源自于对地球深部认识的突破。而这些国家新一轮的深探工程又相继开展起来。我国的大陆科学钻探起步时间较晚，1997 年立项，2001 年才破土开钻。不过在 2008 年，"深部探测"计划又成功立项，这是我国赶超世界科技先进水平的重大计划，也是我国实施大国科学规划的战略大布局。

》2.2　是我国从地质大国走向地质强国的决定性举措

中国大陆的地质构造非常复杂，演化历史也较为漫长。这其中包含了小洋盆关闭（在海洋的底部有许多低平的地带，周围是相对高一些的海底山脉，这种类似陆地上盆地的构造叫作海盆或洋盆。它是大洋底的主体部分。）、微陆块碰撞演化的完成历史，还叠加了中生代、新生代太平洋板块俯冲和印度板块碰撞的大陆动力学过程。我国有地壳深厚的青藏高原，有沿滨太平洋带发育典型的沟—弧—盆体系，有稳定的前寒武纪克拉通（克拉通，源于希腊语 Kratos，意为强度。是大陆地壳上长期稳定的构造单元，是与造山带相对应的地壳稳定地区。），还有时至今日仍在活动的新生代造山带。我国地质灾害频繁、矿产资源丰富、地球动力学过程复杂，是大陆地质和动力学研究的热点领域。具备这样的先天的地域优势，进行深部探测科学钻探，从而进一步创新大陆动力学理论，这势必会带动我国地质学科的发展和进步，更为难得的是，这是我国从地质大国迈向地质强国的绝佳机遇和必经之路，不容错过。

》 2.3 为开辟"第二找矿空间"提供坚实的技术支撑

我国是矿产资源大国，是世界上为数不多的矿产资源种类齐全、自给程度较高的国家之一。截至 2009 年，我国矿产开采总量已跃居世界第二，年开采量达 60 亿吨，这有力地支撑了我国的社会经济发展。然而，我们不得不承认，我国虽是矿产资源大国，但由于人口众多，人均平摊下来，就是实打实的人均资源小国，无论是水资源、矿产资源、耕地资源都不足世界人均的二分之一。近年来，我国经济飞速发展，已是世界上第二大经济体，但无法回避的一个现实就是，现有的资源储备急剧下降，这会导致能源和重要矿产资源对国内社会经济可持续发展的保障度日益下滑，因此，资源供需的矛盾会愈发突出。例如，2010 年，我国石油消费量为 4.34 亿吨，原油产量为 2.03 亿吨；2014 年，石油消费量为 5.19 亿吨，原油产量为 2.11 亿吨，而消费量和产量之间一半的差额皆依靠进口。再如，2013 年，铁矿砂及精矿进口 8.19 亿吨；2014 年，进口 9.33 亿吨铜矿砂及精矿。相比较国内产量来说，我国黑色、有色金属原料对外依存度极高。目前，我国已经成为世界第二矿产资源消费大国，与此形成鲜明对比的是，我国矿产资源勘探深度平均只有 400 多米，油气开采平均深度也不足 4500 米，陆地浅覆盖区和特殊景观地域近三分之一的面积还没有被勘查，因此，就目前情势而言，我国深部能源的开发潜力十分巨大。深探不仅仅能够解释地下的精细结构，还可以提高对地层、沉积、烃源岩，压力场等的认识，有利于更客观、更全面地探索我国地下深层的油气勘探潜力，为我国开辟"第二找矿空间"提供强有力的技术支撑。

》2.4 深探为地质灾害高精度的预警预报提供理论依据

我国是地质灾害多发的国家，地质灾害种类多、分布广、影响大，防范形势十分严峻。1975 年的海城大地震，1976 年的唐山大地震，2008 年的汶川大地震，2010 年的玉树大地震，2014 年的鲁甸大地震等，都曾给国家和人民带来巨大的损失。时至今日，尽管我们的科学技术水平发展到了一定阶段，但是不能否认面对突发的灾害，我们仍然显得束手无策。地质灾害的地应力主要源自于地球内部，地壳表面和内部发生的各种构造过程及物理化学现象都离不开地应力。例如，地表的各种各样的褶皱、断裂、都是地应力的"杰作"。此外，石油、天然气、含矿流体、地下水等在地应力的作用下运动、聚集、形成了可供我们开采的资源。也就是说，地应力有它的优点，缺点也不能忽视。地震、矿震、瓦斯突出、岩爆、巷道变形等都是由于地应力造成的地质灾害。因此，若想认识灾害发生的规律，就必须了解地壳结构和地应力的作用，这也是保障人类自身安全的迫切需要。

》2.5 深探帮助形成有国际竞争力的研究团体

开展全球深部探测研究极大地开拓了人们认识地球的新领域，提升了人们对地球深部结构的认知，这是深探的意义所在。深探吸引了很多"志同道合"的专业学者，造就了一大批从事深探研究的世界级的科研团队，贮备了相当可观的人才，这些研究团队如今已经成为引领地球科学理论创新和发展走向的实践者。自 20 世纪 80 年代以来，在国际顶级科学杂志上所刊载的地球深探方面的论文数量约占所发论文总数的五分之一至四分之一。对于一个新兴的研究领域来说，这个成绩足以说明深探具备强大的生命力和学科引领性。

走向地心深部，这是地学学科发展的必然，亦是无法阻挡的趋势。我国深探项目的启动不但将有效弥补同先进国家的研究差距，或齐头并进，或有赶超之势，与此同时，深探更会迅速造就一批具备国际专业水准的研究团队，为我国未来的深探研究、建造地下实验室，打下牢固和基础。在不久的将来，在这些优秀人才的努力之下，中国的深探研究可以站在世界的最前沿。人才的培养和汇聚乃是前瞻性和战略性的并举，其意义不可小觑。

3　SinoProbe-09 千呼万唤始出来

2008 年，作为国家地壳探测工程的培育性研究计划，"深部探测技术与实验研究"专项全面启动，项目得到了财政部和科技部的大力支持。至此，我国的地球探测"入地计划"终于迈向下一阶段。目前我们面临的严峻事实是，长期以来，国内深探实验所涉及的装备、仪器等高端产品完全依赖于进口，这严重制约了创新能力的提升和发展。因此，深探专项的核心任务就是解决深部探测关键技术难点和研制具有自主产权的关键仪器装备。

　　我们知道，地球不仅仅为人类提供粮食、水、与经济社会密切相关的能源和矿产资源，也会带来诸如地震、海啸、泥石流等自然灾害。因此，了解自身生活的环境和潜在的威胁，对于维持人类的生存和繁衍是至关重要的。运用深探技术来了解地表活动现象背后的地下活动规律，是一条可行性极高的重要途径。通过深部探测来解释地壳深部的物质结构和演化机制，可以提高人类利用自然资源和应对自然灾害的能力。而发展深探装备技术正是实现这一目标的关键，深探九号项目就此应运而生，承担探测装备研发攻坚的艰巨任务。作为深探专项的压轴项目，同前八个项目相比，深探九号项目足足"迟到"两年。而姗姗来迟的原因如下：在前八个项目开展进程中，所使用的装备仪器多数来自国外进口，尤其是以欧美国家制造的仪器为主，不可否认这些装备在深探过程中立下了汗马功劳。然而，在整个项目的操作期间，研究人员发现了我们无法规避的限制和弊端，我们会面临一些问题。首先，我国要进行的深探计划对装备仪器的需求数量是非常巨大的，国外现有的这些高精尖仪器价格非常昂贵，目前的项目资金，无法满足大批量购买的需要。其次，欧美国家的厂商对一些敏感技术给予屏蔽，因为深探仪器所需的技术很多为军民两用，由于担心我方将购买的仪器及相关技术应用于军事领域，所以很多国外厂商对此格外小心谨慎，对关键技术对我们实行封锁。这种情况使我们不得不在深探装备技术整体布局上自谋出路。最后，进口过来的装备仪器调整参数有时不够灵活，设置也往往不是特别到位，因为如平原、高原等地质差异是我们经常要面临的实际问题，这就需要对仪器的相关性能不断地进行调整。因此，具体问题还是要具体分析，研发出中国自己的仪器装备，适应我国自己的地理环境，是刻不容缓的。

图 5-4　黄大年

　　项目九首席科学家黄大年曾感慨道："最重要的是，中国是一个大国，我们不可能总是通过购买别人的仪器来推进各项灵活多样的科学研究，尤其是大科学计划。形成仪器装备自主研发能力是体现大国实力的需要。"

　　虽然我国深部探测计划落后于欧美国家将近 30 多年，但是正是由于欧美国家相关技术的发展，得以让我们的深探计划专项具有明显的后发优势。经过这几年国内科学家的艰苦探索和努力，我们深探关键技术装备研制已经取得了重大进展，全面提升了我国深探技术，从更深层次推动我国从地质大国向地质强国转变。

》3.1　SinoProbe-09 重点攻克如下关键技术问题

　　（1）解决快速移动平台条件下可能遭遇的众多情况，在现场监控所收集数据的质量，并在事后及时提出处理方案，加强获取高精度数据的能力；在勘探设计过程中持有多维和海量数据的情况下，对发现地质目标的可能性和风险性进行评估；掌握平台插入技术，完善现有高端软件系统，补充其缺乏的集成高精度的非震数据，从而提高不同方法对数据集成的分析力度。

（2）解决宽频带弱信号的采集相关问题；运用三维电磁数据反演成像，尤其是 CSAMT 全场资料的三维反演成像，重新建构勘测区域地下空间的精细电性结构。

（3）设计光路，实现光磁工作和电路跟踪，与此同时一并测量光磁共振时的磁场强度；促进多探头测量数据的融合，及高平衡度—阶梯度计的加工制作；研制具备超导磁力仪的组件，还有能够同时满足无磁化和高强度并举、地形匹配和测线精度并行等要求的无人机飞行平台；此外，还将钻研自动驾驶等相关技术和导航仪。

（4）攻克低噪声地震数据采集技术和海量数据的存储技术；实现在地震采集站同步采集数据的技术，在采集站内实现高精度的 GPS 静态自定位技术和低功耗的设计技术，同时研究相控电磁式可控震源的工作方式。

（5）相关系统设计方案的问题：包括高转速顶驱系统的设计，高精度自动送钻系统的设计，轻质高强铝合金钻杆的研究设计，耐高温涡轮马达液动锤绳索取芯三合一钻具的设计，此外，要攻克高温泥浆体系的研究。

（6）建设可以解决多元数据的集成和融合的数字化平台，确定仪器装备的野外条件适应性和可靠性的检测标准，把具体方案和测试内容进行规范化管理。

》3.2 深部探测装备发展潜力与前景

30 多年以来，信息科学技术迅猛发展，由此带动了高新技术行业全面发展。在精密仪器和重型装备制造领域，材料技术、制造技术、电子技术、通信技术等相关领域的迅猛发展，直接推动了探测装备集成技术的全面发展。目前，在地球科学研究所涉及的应用领域，已经从观测描述和推论结合的模式逐步转变为数据处理、数值分析、模拟、时空演化趋势预测等量化性研究模式，不但拓宽了我们认识地球的视角维度，还极大地提高了我们认知地球的能力，从而进一步拓宽了装备仪器的应用领域及其范围。

深探重型装备关键技术汇集高端科学原创技术、集成技术，研发和应用相结合的经验技术，多学科联合工程组织融为一体的系统工程技术。因此，深探重型装备关键技术的研发应遵循顺应潮流、应运而生、蓄势待发三大原则，从而才能展现巨大的潜力和应用前景。

深探工程是极其复杂的，对装备的超极限应用要求非常高，因此，深探装备产品及其相关指标就不可逃避地面临许多前所未有的挑战。这就需要多学科协调，共同来攻关技术难题，这种学科之间的互动与合作势必会拉动相关行业的进步及相关产业链的重新组合和发展，从而推动高端产品的制造、敏感器件制造、精密仪器制造和特殊工艺技术的快速发展。这些产品在形成产业化的过程中，相关技术在研发阶段、生产阶段、测试阶段和集成阶段等不同阶段都会陆续推出成果，从而形成产业终端的巨大潜力。

我们有理由相信，在实验研发阶段所取得的突出的阶段性成果，完全可以推动深探工程在全国范围内的进一步展开，深探领域的范围和需求也不仅仅局限于大陆，完全可以拓展到海洋。同陆地深部探测相比，海域深部探测具备更高的探索性，但与此同时也面临着更高的风险性。但是多年以来，海洋资源和能源探测一直都是各国意欲扩大影响力的战略重点，能否开发、如何开发、已开发程度这些都体现了一个国家的科研能力和综合国力。从我国目前的疆域特点来看，可尝试重点发展具备国际先进水准的海洋探测系列装备，尤其要关注深水油气地球物理探测技术的发展与提升。

在海洋进行深探作业，面临的问题不比陆地上少，如在海域上很难进行大面积施工，并且还需要时刻注意海况，因为这将直接影响施工进度。在船载探测项目上可能需留意海洋保护方面的限制。在复杂的海床地貌环境下进行钻探验证，难度是非常大的。然而遇到问题，就会有解决问题的动力。正是存在的这些问题，促进了探测相关技术的必要更新，以此来适应海洋探测应用装备和技术上的需求。

国际上很多发达国家投入了大量的人力、物力、财力积极推进涉海资源的勘探和开发，取得了很多成果，获得了不菲的回报。例如，美国在墨西哥湾的深海油气田勘探；还有大西洋沿岸国家的油气勘探；中国南海周边国家引进了国际联合勘探技术，成功获取了南海油气资源。这些勘探技术有着众多亮点，针对不同条件选择不同技术，如有着专门应对海域和海底复杂地质构造条件的重、磁、震、井融合技术；有为提升深海钻探布孔精确性的地震和种地梯度联合正反演技术；有专门针对薄层和低阻层的 MPSI 地震随机反演解释技术；有可控源电磁法和地震数据联合技术用来解释深海油气藏；采用法国 CGG 公司的先进技术进行切面幅值反演来恢复图像清晰度和发现油气盖层的泄露。这些被成功应用于海域探测的技术手段已经引起了我国相关领域科学家的关注。专家学者们已经意识到，必须有充分的技术准备和储备。借着我国大国发展战略优势的"东风"先行了解相关信息，然后制定可行方案，确立赶超目标，从而实现我国海域深部探测的技术。

4 展望

目前，了解地球深部信息的主要途径可以通过获取和分析地球重、磁、电、放、地温、地震波等物理数据，也可以通过深部科学钻探。若想提高获取相关数据信息的精确程度、探测的效率，扩展技术实施的应用领域和技术的保障程度，就一定要保持探测装备技术的先进性和科学性。不同于浅层探测技术，深探仪器的装备技术汇集了高端科学原创技术、集成技术、研发和应用相结合的经验技术，需要多学科联合攻关，将这些技术融为一体。然而，鉴于历史原因，截至目前国内深部探测装备的研发仍处于起步阶段，绝大部分仪器仍长期处于依赖进口的局面，这种现实情况真实反映了我国在深探装备研发方面的被动局面，严重制约了我国在矿产资源勘探和地球科学的发展，进而影响了我国的国际竞争力。如今迫在眉睫的任务就是，要打破目前的被动局面，化被动为主动，要通过引进、消化和吸收国外相关领域的先进技术，来发展自主研究装备仪器，从而满足我国辽阔国土疆域的探测需求。"深部探测关键仪器装备研制与实验"项目的六大技术分支，目标直接瞄准了国际前沿和高端装备产品。项目制定的第一阶段发展目标和实施方案，已经取得了突破性进展。这样的成绩可以推动我国改善此类产品研发的被动局面。

近十多年来，国家在电子、材料、传感器和相关制造工艺技术方面有了长足的发展，为探测仪器装备的研发奠定了扎实的基础，同时也为将探测从陆地延伸到海洋提供了良好的技术准备及实现环境。目前，南海周边国家借助发达国家的技术手段，已经成功获取了大量的资源，对于我国来说，这是非常严峻的现实，我们不仅要密切关注，更要行动起来，加快研发仪器装备，早日实现我国自主研发深探仪器装备的跨越式发展。

若论及影响当今全球经济社会可持续发展的主要因素，人们首先想到的就是资源和环境。恶化的环境、匮乏的资源和频发的灾害，这些因素均严重危及着人类的生存和发展。我们赖以生存的地球家园，也越来越难以承受这些压力。而此时，大陆科学钻探技术的异军突起，不仅是地学领域具有划时代意义的进展，更是发展地质科学，解决环境、资源和地质灾害等重大问题的必经之路。我国虽前期在相关研究方面处于落后态势，但无论是领导人，还是国内专家学者，始终未曾放弃对该领域的关注。待时机成熟，我国就会全面启动相关地球探测计划。因此，深部探测计划就是时势使然。至此，中国深部探测计划的开展，将有助于发现和探明具备战略意义的矿产资源，扩展我国的能源勘探前景。该计划带来的科学意义、社会意义、经济意义、战略意义都是无法估量的。

　　"上天""入地""下洋"，每一步成功的背后都离不开无数科研人员夜以继日的奋斗，都离不开国家综合国力的强大保障。我国深探计划的实施也体现了我国科技水平的进步、民族意志力和强大的综合国力。深部探测定会为我国经济的可持续发展做出应有的贡献，与此同时，也势必会对人类的未来产生深远的影响。

参考文献

［1］曹智文，张一鸣，张旭.航磁用无人机电源控制系统设计［J］.电源技术，2014，38(7): 1302-1305.

［2］程建远，王盼，吴海，江浩.地震勘探仪的发展历程与趋势［J］.煤炭科学技术，2004，41(1): 30-35.

［3］董树文，李廷栋，高锐，等.地球深部探测国际发展与我国现状综述［J］.地质学报，2010，84(6): 743-770.

［4］董树文.揭开入地计划序幕［J］.地质学报，2010，84(6): 1-2.

［5］董树文，李廷栋，陈宣华，等.我国深部探测技术与实验研究进展综述［J］.地球物理学报，2012，55(12):3884-3901.

［6］耿长伟，王清岩，孙友宏，等."地壳一号"万米钻机铁钻工伸展机构设计及运动学仿真分析［J］.探矿工程：岩土钻掘工程，2015(5):53-56.

［7］耿瑞伦.第一次中国大陆科学钻探 (CCSD) 研讨会在北京举行［J］.探矿工程，1992（3）: 61.

［8］耿瑞伦.中国大陆科学钻探实施的必要性与可行性［J］.探矿工程：岩土钻掘工程，1995（4）: 1-3.

［9］黄大年，于平，底青云，等.地球深部探测关键技术装备研发现状及趋势［J］.吉林大学学报：地球科学版，2012，42(5): 1485-1496.

［10］黄泽满，刘勇，周星，等.民用无人机应用发展概述［J］.赤

峰学院学报：自然科学版，2014（24）：30–32.

［11］罗福龙．地震勘探仪器技术发展综述［J］．石油仪器，2005，19(2): 1–5.

［12］刘志强，陈宣华，刘刚，等．LITHOPROBE——加拿大地球探测计划［J］．地质学报，2010，84(6): 927–938.

［13］钱江．光泵原子磁力仪及其应用［J］．光学与光电技术，2015，13(3): 93–97.

［14］唐琳．用自主研发彰显大国实力［J］．科学新闻，2014(10).

［15］王旭．辽宁兴城深部探测实验基地科学钻探技术研究［D］．吉林大学，2011：12–14.

［16］王守坦．航空物探技术［J］．地学前缘，1998(2): 223–230.

［17］王婕，郭子祺．固定翼无人机航磁测量系统的磁补偿问题初探［C］．中国地球科学联合学术年会，2014.

［18］王郁涵，赵凡．突破国外技术垄断和封锁提升我国深部探测装备技术水平——深部探测技术与实验研究专项项目9"深部探测关键仪器装备研制与实验"［J］．科技成果管理与研究，2013(11).

［19］徐宝慈．关于加拿大岩石圈探测计划［J］．世界地质，1992(4): 5–9.

［20］徐学纯，张行行，郑常青，等．辽西杨家杖子侵入岩地球化学和年代学特征及其与成矿的关系［J］．吉林大学学报：地球科学版，2015(3):804–819.

［21］杨文采．大陆科学钻探与中国科学深钻工程［J］．石油地球物理勘探，2002，54(2): 196–199.

［22］于显利，刘顺安，刘佳琳．无人机在地球物理探测中的应

用〔J〕.中国矿业， 2012， 21(7):107–109.

　　〔23〕臧克，孙永华，李京，等 . 微型无人机遥感系统在汶川地震中的应用〔J〕.自然灾害学报， 2010(3):162–166.

　　〔24〕赵玉江 . 基于北斗和 GPS 的无缆地震仪远程监控系统的设计与实现〔D〕， 2012： 1–7.

　　〔25〕中国大洋钻探学术委员会 . 中国加入综合大洋钻探 (IODP) 科学计划 (2003—2013)〔J〕.海洋地质动态， 2004， 20(1): 14–17.

　　〔26〕周晓萍， 郑常青， 徐学纯，等 . 辽宁兴城新立屯地区岩浆杂岩岩石学特征、侵位顺序及地质意义〔J〕.世界地质， 2015，34(3):571–589.

　　〔27〕深探官网：http://www.sinoprobe.org.

　　〔28〕中国科学院官网，http://www.cas.cn.

　　〔29〕求是网：http://www.qstheory.cn.

　　〔30〕 国土资源部官网 http://www.cgs.gov.cn.

后　记

为落实国家加强地质工作，实施地壳探测工程，提高地球认知、资源勘查和灾害预警水平的战略部署，2009 年 4 月 22 日，即第四十个"世界地球日"当天，由国土资源部组织实施的《地球深部探测技术与实验研究专项》正式启动，标志着我国地球深部探测的"入地"计划拉开序幕。这是目前中国实施的规模最大的地球科学研究计划之一，涉及从地表到深部的地质、地球物理和地球化学多学科多领域探测实验。该专项下设九个项目，其中吉林大学承担了项目九"深部探测关键仪器装备研制与实验"（SinoProbe-09），首席科学家为国家"千人计划"特聘教授、吉林大学地球探测科学与技术学院教授黄大年。

SinoProbe-09 成功研制的中国首台"地壳一号"万米超深科学钻探钻机，在深部探测仪器装备自主研发方面具有里程碑式意义；同时，成功研制了地面电磁探测（SEP）系统、固定翼无人机航磁探测系统、无缆自定位地震勘探系统、移动平台综合地球物理数据处理与集成系统等深部探测关键仪器装备与软硬件系统等。可以说，SinoProbe-09 的立项与研发，为实施国家地壳探测工程战略计划、揭示地球深部奥秘提供了坚实的技术保障，其发展水平将决定在辽阔的国土和海洋区域大面积、大深度获取数据和信息的能力。瞄准国际前沿装备技术，从国家高科技发展战略出发，针对复杂地质环境的探测能力和效率，自主研发深部探测仪器装备，迅速改变了我国深探仪器装备长期依赖进口的局面，在较短时期内完成了从起步到成熟阶段的跨越式发展。

2016年5月30日，中国国家主席习近平在全国科技创新大会讲道："科技创新、科学普及是实现创新发展的两翼，要把科学普及放在与科技创新同等重要的位置。没有全民科学素质普遍提高，就难以建立起宏大的高素质创新大军，难以实现科技成果快速转化。"《深探之旅》一书的撰写，恰逢其时。项目组以提高全民科学素质为己任，把普及科学知识、弘扬科学精神、传播科学思想、倡导科学方法作为义不容辞的责任。本书形象、美观、充满趣味性地介绍 SinoProbe-09 实验装备，向广大公众传播深部探测的相关知识，这在一定程度上实现了科研项目从传统的提交科学研究成果到向社会提供公共服务产品的有益转变。

一书之成，端赖众力。本书是以黄大年教授为首席科学家的 SinoProbe-09 项目组集体合作的结晶。承蒙撰写者的齐心协力、密切合作，本书历时两年得以付梓。同时，在此还要特别感谢黄大年教授、徐学纯教授耐心细致、精敲细磨的校对，感谢肖晞教授、于平教授、项目组秘书王郁涵老师，以及研究生王琳、李炳霖、马程、游启明、贾磊、赵鹏伟等在书稿撰写过程中的特别策划与辛勤付出。

刊印在即，项目组要向负责本书编校工作的师少林先生致以深深的谢意，他的严谨作风、专业精神和职业素养，为本书增色生辉。

深部探测关键仪器装备研制与实验（SinoProbe-09）项目组
2016 年 10 月